創客創業導師

程天縱的經營學

翻轉企業經營與創業困境的32個創見

程天縱──著

目　錄

Part 1 企業經營的再思考

CONTENTS

Part 2 經理人領導帶心的再思考

Part 3 產業趨勢變動的再思考

CONTENTS

推薦序

兼具理論與實務的企業良師

認識程天縱先生是在二〇〇七年他加入了鴻海之後，之前我只聽聞了鴻海請來了一位曾經在跨國家科技公司服務過的「大神級」人物，仔細理解之後，才知是曾在惠普及德州儀器服務的程先生，和他見面，讓我頗有親炙天顏的滿足感。

後來我陸續聽聞他在鴻海的豐功偉績，尤其是富智康那一段，從谷底逆轉、轉虧為盈的過程，更令人津津樂道，可是我也仍始終無法近身請益，只能在網路上神交。

拜社群傳媒之賜，我有機會時常閱讀他的大作，常令我拍案叫絕，許多他的想法，與我的意見暗合，強化了我在企業經營上的信心；還有許多意見，是我長期困擾的話題，他也使我茅塞頓開。他是一個讓我尊敬的企業經營的導師。

所以我才會主動向他提議，是否應該出書與所有的讀者分享，他也爽快的同意了，才有這本新書的出版。

也拜這本新書之賜，我能有結構的展讀他的大作，這也才有機會了解程天縱先生的一生。他從一個沒有到國外留學的本土學生出發，成為外商企業的在台員工，然後一步步的向上提升，並有機會遠赴美國總部服務，還能被公司要求公費去念了ＭＢＡ，可以顯見惠普公司對他的重視，之後在歷經大陸總經理。然後再轉任德州儀器，成為半導體產業的一員；最後再到鴻海任職，完成了製造者的歷練。

他的一生就是最典型的專業經理人的寫照。他的經驗更值得所有年輕人參考學習，他是一個兼具理論與實務的企業良師。

在書中他談到用「大歷史觀」看企業經營的演變，令我受益良多。其中他談到的目標管理、全面品質管理（ＴＱＭ），再到關鍵績效指標（ＫＰＩ）、價值鏈、平衡記分卡、企業再造等觀念，這些都是我耳熟能詳的理論。可是我的理解也僅止於書本上的知識，至於企業經營中如何運用、其優缺點如何？都不是我能知道的。可是在書中他娓娓道來，分析透徹，讓我大開眼界，也才真正懂得這些理論的運用。

這本書最大的好處是，作者完全以當時在企業中的工作經驗，來說明這些理論如何興起？如何被企業所採用？實踐過程中有何利弊得失？最後又如何被新興的理論所取代？這都是極深刻而且實用的說法。讀完「大歷史觀」的企業管理，讓我對近代企業管理的演變，有著極深刻的印象，也才真正學會這些理論。

另一個讓我收穫良多的是他在鴻海富智康的谷底逆轉經驗。當他接手富智康時，每年要虧損二．二億美元，總員工數高達十二萬多人，這是一個問題叢生的公司。

天縱兄不眠不休的挽起袖子全力改造：關閉海外虧損工廠、變賣閒置設備、清理呆滯材料及庫存、開發新客戶、提高產能稼動率、提高產品良率等等。但真正的改造與變革在團隊與組織，採取了大規模的變革管理作為。

他先成立了十個人的變革委員會，並要求組織扁平化，由上層主管兼任所屬核心部門的主管，以達成以身作則，提振士氣之作用。

雖然所提出的改革措施，並沒有太特殊的創意，但幅度之大、著力之深、動員之廣，已足以讓富智康掘地三尺，徹底改變。到二〇一一年雖然營收仍下降，但毛利提升，人員精簡為九萬八千人，少了近三萬人，而獲利也達七千多萬元，成功完成轉虧為盈的任務。

專業經理人不論有再大的本事，最終極的考驗在於能否解決問題，能否逆轉困境；通不過此一考驗，就不是好的專業經理人。作者這一段可歌可泣的經歷，值得所有人效法。

全書還包括對經營管理的看法，以及對台灣企業經營現況的建議，都是一針見血的言論，這是一本值得仔細閱讀的企業經營之作。

城邦媒體集團首席執行長　**何飛鵬**

自序

老兵不死，拒絕凋零

二〇〇二年初，我接到鴻海郭台銘董事長秘書的電話，說出版社將要為郭台銘出版一本叫做《三千億傳奇—郭台銘的鴻海帝國》的書，希望我能幫這本書寫序。我在一九八五年認識郭台銘，當時鴻海的營業額才三億台幣。從三億到三千億，我見證了鴻海的發展，當然義不容辭地答應為這一本書寫序。

在這篇序言裡，引用了我和郭台銘在一九八五年的對話，闡述了一個創業家和一個專業經理人所必須具備的不同心態和專業，總結出我對他創造出一個不平凡企業的敬意。這是我第一次為書籍寫序言。

時光飛逝，沒想到十五年之後，我自己要出書了，這次寫的序言是第二次，是為自己而寫。我決定將我的三十多年職業生涯，簡單總結在序言裡面，方便讀者瞭解文章觀點的由來與背景，以發揮導讀的效果。

從一九七九年加入台灣惠普，直到二〇一二年從鴻海退休，我的整個職業生涯都是以專業經理人來定位自己。

回顧這三十多年，我把它分成幾個階段。從一個工科畢業的大學生，到如今的我，每一個階段對於專業經理人能力的養成、提升，和個人價值觀的形塑與修正，有密不可分的關係。

一、開疆闢土（一九七九年至一九八八年）

在台灣惠普的這十年，是我專業經理人的養成階段。當時台灣惠普的總經理柯文昌先生給予我極大的自由度和舞台。他在我擔任電腦銷售經理的時候，容許我做一件和台灣業務原本沒關係的事：他同意了我想從惠普總部引進技術，在台灣蓋一座最先進的印刷電路板工廠的想法。

這個計劃後來得到台塑王永慶先生的支持，於是我為南亞公司在桃園南坎蓋了印刷電路板工廠，也因此引起惠普總部的關注，而有了後來為我量身打造的四年培育計劃。

在工廠開工運轉之後，我想如果能夠將企業策略規劃的方法、建廠的技術和經驗都提供出來，應該會對台灣的科技產業很有幫助。這個想法又得到了惠普總部和台塑集團的支持，於是成立雙方合資的顧問公司。當時我不過是個三十五歲左右的年輕人，也因為這樣得以認識王永慶、王永在、焦廷標、陳茂榜、林挺生、翁錫輝等企業大老，鴻海郭台銘也是在這個階段認識的。對這一段年輕時的機遇，我心中充滿了感恩。

二、登堂入室（一九八八年至一九九一年）

惠普總部為我量身打造了一個四年的培育計劃，目標是讓我在一九九二年派駐北京，擔任中國惠普的第三任總裁。公司在一九八八年中，將我從台灣派到香港的惠普亞洲區總部當市場部經理，接著又在一九九〇年將我調到美國惠普總公司，擔任洲際總部（美國本土以外的全球所有地區）的事業開發經理。我的主要職責就是訂定每年滾動的五年新事業和新市場的開發計劃。

公司還全額負擔學費，要我在夜間到聖塔克拉拉大學修個MBA學位；當然，我還必須先通過托福和GMAT考試。當時我的老闆兼導師是洲際總部總裁亞倫・貝克爾（Alan Bickel）先生，他親自解釋給我聽：

在一個跨國企業，要能夠登堂入室晉升到高階主管，必須要懂得公司總部核心的權力運作，所以要安排你來美國總部工作。同時，惠普是美國的跨國企業，登堂入室的另一個條件就是要融入美國文化；而學習美國文化的最佳方法，就是在美國的大學唸一個MBA學位。

以我一個遠在亞洲、三十多歲的年輕人，能夠得到惠普總公司的刻意栽培，我何其幸運。

三、有容乃大（一九九二年至一九九七年）

一九九二年初，我修完了二十三門課程、六十七個學分，順利拿到了ＭＢＡ學位，馬上被派往北京就任中國惠普的第三任總裁。我所面臨的挑戰是，如何將一個中美合資的科技公司，透過各種創新方法來改革體制，將中國惠普由國營企業改造成信仰「惠普價值觀和企業文化」的惠普跨國企業成員。

雖然台灣和中國大陸有共同的語言、文字和歷史文化，但是海峽兩岸相隔四十年，造成價值觀和文化的鴻溝。在台灣出生、受教育的我，此時必須和年長我十歲以上的中方高層共事。換個角度看，這群經歷過文化大革命的動盪，又在外資開放後率先加入中外合資公司的國企高管，必須讓一個四十歲不到的台灣人領導，其實他們所面臨的衝擊和心理障礙比我還要大。

在短短的六年任期當中，我努力以包容尊重建立互信，在互信基礎上開展改革。不僅營業額增長了十倍，中國惠普的員工滿意度也從全球最低，在一九九七年翻轉為全球惠普組織當中排名最高的單位。

四、海納百川（一九九七年至二〇〇七年）

以專業經理人職涯而言，擔任中國惠普總裁已經可以算是個高峰，但是由於地域關係，以致信息相當封閉。這彷彿是一段知識黑洞期，使我失去了對高科技潮流的掌握。但是有一點我可以非常肯定：那時ＰＣ和ＩＴ時代已經進入成熟期。再加上我的導師亞倫．貝克爾先生在一九九六年底退休；我對他承諾過，他在惠普時我不離開惠普，如今已不成為限制了。

此時，美國德州儀器公司出現了，他們邀請我負責一個更寬廣的工作——亞洲區總裁，不僅掌管德州儀器在亞洲區所有的資源和組織，而且將我列入美國總部二十人人決策小組的成員。

我的角色已經從單一區域的管理者，變成全球跨國企業的經營者。

另外一點強烈吸引我的是，當時德州儀器總部二十人決策小組的組成非常多元化。當中除了美國人以外，還有兩位日本人、兩位歐洲人、兩位華人、兩位印度人。

如果說「有容乃大」，是為了成其「大」而刻意地「容」納異見；在德州儀器總部，已經不必刻意去接受不同背景的人，而是已經自然地把多元文化交融在一起，自然地吸收各種不同價值觀和經營意見。這就是「海納百川」的境界。

五、悲天憫人（二〇〇七年至二〇一二年）

做了十年德州儀器亞洲區總裁，我已經培養好大中華區和亞洲區的接班人，我認為舞台應該要讓給年輕人。尤其我已經五十五歲，為美商跨國企業貢獻近三十年，還未直接為台灣企業打拚過，心中確實有些遺憾。

再加上郭台銘董事長從一九八五年開始不斷邀約，此時的鴻海在郭董事長的領導之下，已由當時三億台幣成長為接近三兆台幣的跨國企業，我心中十分佩服。我覺得該是為台灣企業盡一份力的時候了。

我在二〇〇七年七月加入鴻海集團，擔任集團副總裁兼事業群總經理。這五年在我的專業經理人生涯中，是衝擊和壓力最巨大的，也在這裡深刻地認識基層員工，並完美地在畢業前修完專業經理人生涯的最後幾個學分。

在短短的五年當中，我經歷過四個不同的產品事業群，各自面臨著不同的挑戰和任務。我在沒有自己熟悉的團隊可以配合的情況下嵌入，如同跳上高速飛馳的列車，如同接著下一盤盤的殘局，每一盤都要贏。和過去相比，不同的產業（製造業）、不同的價值觀（紀律）、不同的文化（獨裁為公），衝擊確實很大。

特別值得一提的，是二〇一〇年中全球媒體廣泛報導的「墜樓事件」。在這鴻海集團創立以來的最大公關危機中，集團成立「愛心平安工程」危機處理小組來積極應對。其間我擔任副總指揮，在將近一百天的日子裡，採用各種手段防止自殺事件再發生，傾全力讓危機平安落幕。

雖然惠普和德州儀器也都有製造工廠，但是和鴻海這全球最大製造業者相比，差了好幾個量級。在這規模龐大的製造集團，所面臨的員工照顧、管理，生產效率、紀律的挑戰，當然也差了幾個數量級。這個事件對我個人的深遠影響，是更加關切基層人員的生活和內心。我在外商的三十年，幾乎是天天穿西裝、打領帶上班；但是在鴻海的這五年，我幾乎沒有穿過西裝。我的日常生活就是穿著工作服，在工廠的生產線上和作業員、線組長、管理幹部打成一片，每天都處理著各種不同的突發狀況。

這種不同的工作型態，也讓我近距離的觀察和瞭解這些「九〇後」出生的員工。來自農村的他們，生活、工作、感情、娛樂和家庭與我過去的世界非常不同；他們的喜怒哀樂，超出我的認知和想像。

每個人在自己的人生故事裡都扮演著主角，而任何其他人對他們來說，只是他們艱苦的人生故事當中所碰到的配角之一。但是一個有影響力的配角所做的決定和行動，對於他們人生故事的影響卻可以非常大。

因此，我領悟到了自己這個角色，可以不僅僅是一個主管和員工之間的工作關係。我可以積極融入他們，進入他們這段人生，賦予他們正面的能量，培養正確的價值觀。

是鴻海給了我最好的發揮機會，讓我在退休前當上了香港上市公司富智康的執行長，並且在我的職業生涯最後階段，補齊了「生產製造專業」這最後一塊拼圖——這是一個專業經理人的職業生涯所能夠達成的最高峰。

對於郭台銘董事長給予我的機會，我至今仍然充滿感恩和知遇的心情。

六、開啟第二人生（二〇一二年至二〇一六年）

退休之後的這幾年，我樂在一邊接觸新科技，一邊運用自己的經驗幫助創業中的年輕人。一次演講後無意中成立的創客創業社群T&F成員越來越多，我也就成了大家口中的Terry老師。

對於年輕人創業給予實質上的支持和輔導，創業團隊只要在社群網路上報名，我都給予九十分鐘義務的創業輔導。對於輔導的創業團隊我秉持「初心」，不收費也不投資，避免因為任何私心而產生「分別心」。

有好項目的創業團隊絕對不乏人追捧，孵化器、加速器、媒體、投資人等爭相簇擁。但是九成九的創業團隊，卻只能孤獨艱辛地前行。我選擇與更多缺乏資源的草根創業者同行，協助他們向夢想邁進。在他們身上，我看到了專業經理人身上少見的蓬勃創意，少見的「夢想」與「堅韌」。

老兵不死，拒絕凋零。

Part 1

企業經營的再思考

01 企業必須「以人為本」

一九九二年一月，我順利完成了惠普公司為我量身打造的四年進修計劃（Fast Track Development Program），拿到聖塔克拉拉大學（Santa Clara University）的ＭＢＡ學位，之後立即前往北京，擔任中國惠普第三任總裁。

我的前任俞新昌博士在完成交接工作之後，調到了位於香港的惠普亞洲區總部；當時擔任人事總監的美籍華人也決定與俞博士同進退，結束大陸外派任務返回美國。

我特別從美國惠普總部找了一位老美，來擔任我的人資總監。我期望他能幫我帶來惠普的價值觀和文化。因為我深信，惠普「以人為本」的價值觀與文化，在華人世界更能發揚光大，也更加深入人心。

從週休一日到週休二日

當時的中國惠普是個合資企業，董事長是由電子部下屬「中國電子進出口總公司」的總裁歐陽忠謀先生兼任。中國惠普的員工大部分也是由該公司轉調過來，因此所有薪資福利制度都是比照國有企業，一個星期上班六天。

前任的美籍華人人事總監在交接工作結束返美之前，很誠懇地建議我，如果要快速贏得員工的心，就開始實施週休二日制，也就是每週上班五天，週六和週日休假；這在當時的北京眾多企業中必定是創舉，員工也必定拍手叫好。

我當時的第一個反應是：如果有這種好事，為什麼我的前任不做，卻要讓我這個初來乍到的新人撿便宜？

於是接下來幾天，我仔細考慮、四處觀察。我的結論是，如果一切工作條件和環境不變，那麼生產力和總產出一定和工作時間成正比；工作天數從每週六天減為五天，勢必喪失六分之一的生產力。

做為中國惠普總裁的我，必須兼顧業務成長和惠普的價值觀。當時全球惠普機構除了中國惠普之外，都是週休二日；因此，這也是造成中國惠普員工自認為接受了「二等公民」對待的主要原因之一。

我希望能夠實施週休二日，但是不能以降低生產力為代價。我認為，只有在大力提高生產力的前提下，才能實施週休二日。

那麼，如何快速提高中國惠普的生產力呢？

三方面提升生產力

當時員工所使用的個人電腦和終端機，都是非常老舊的型號，電腦系統也需要升級；許多新的管理工具和應用都無法上線，而且辦公室裡的許多流程與方法都不合邏輯。例如大部分的部門秘書都經常不在座位上，而是在各樓層之間送公文。

更麻煩的是，員工普遍沒有接受過惠普最寶貴的專業培訓，而且在社會主義計劃經濟體制教育下成長的人，缺少當責的心態和創新創業的精神。當時的中國惠普就是個國有企業，負責所有員工的食衣住行兼醫療保險。

於是我總結，生產力的提升必須來自三個方面——人、流程、工具。

- **人：**培訓知識、技能，改變心態。
- **流程：**講方法，做計劃，重執行。
- **工具：**使用電腦、設備，自動化。

更重要的是，我必須徹底改革中國惠普的「國有企業薪資福利制度」和「大鍋飯心態」，成為一個現代化企業的體制，否則生產力無法提升。

於是接下來的兩年，我和我的老美人資總監合作，進行了史無前例的中國國有企業的「體制改革」。

改革的成果

我們和聯想共同申請成為北京「房改政策」的首批試點，向中國建設銀行申請「住房貸款」；首先實施「醫療保險」、取消員工上下班的班車福利而改發現金、出差住宿定額補助改變為實報實銷等等。

以上的體制改革，現在寫得輕鬆，但在當時每一項都幾乎引起員工抗議和譴責，充滿了極大的風險；更困難的是要說服中方股東、並且在董事會決議通過——這每一項都是史無前例的體制改革。

當時中國惠普的平均工資是五百人民幣，但是加上各種非現金福利和「五險一金」，實際人員薪資成本超過兩千元；由於個人所得稅起徵點在七百元左右，所以幾乎沒有人需要繳交個人所得稅。將各種非現金福利取消、轉以薪資發放的第一個問題，就是要繳交所得稅。

為了平息民怨，我們把所得稅再打入薪資；結果平均工資由五百元提升到接近一千五百元，這在當時的北京是非常驚人的高工資。而我們的目標，就是朝向單一薪俸改革。

根據一九九四年北京市個人所得稅統計，中國惠普的員工總數不到五百人，但個人所得稅總額佔了北京市個人所得稅入總額的千分之二。

從一九九四年開始，中國惠普順利實施週休二日工作制。

在我負責的一九九二到一九九七年的這六年間，中國惠普的營業額成長了十倍，而這段經歷也收錄在劉韌於一九九八年出版的《知識英雄——影響中關村的五十個人》一書之中。

人與設備的差異

以上主要講的是中國惠普的管理模式和體制改革，接下來我會對人與設備在企業經營中的作用進行量化和對比，來強調「人」在企業中的重要性。

首先從「效力」與「效率」講起：在企業經營過程中，人與設備有哪些差異？

我先解釋一下評價生產力的兩個標準：效率（efficiency）和效力（effectiveness）。效率一般用來評價固定工作流程的執行速度和質量，而效力一般用來評價在動態環境中處理多變的事務時所達到的結果。

拿武術比賽來打比方，就是「套路」和「散打」兩種比賽方式。像南拳北腿這樣有固定拳法的套路，一套拳打下來要注重的是「精、氣、神」，這適合用效率標準來評價；而散打這種以「擊倒對手」為目的、在搏鬥中需要根據對手招式隨機應變的情況，則適合用效力這個概念來衡量。

在企業經營的過程中，不僅需要人才，也需要工具設備。人是一直在動態變化著的，所以講究的是效力，目標是做「對的事情」（do the right things）；而設備基本上是穩定不變的，在工作中講究的是效率，目標是把「事情做對」（do things right）。

在「生產力頻譜圖」中，把人與工具、效力與效率相對應地放兩端，將各個職能部門按照偏重效力和效率的程度從左到右排列，具體情況如下：

- 銷售部門最注重效力，他們每天面對著千變萬化的客戶和企業，對於不同的人和事，處理方法都不一樣。
- 市場部門面對的是產業大環境，有宏觀和微觀的變化；相對於銷售部門來說，市場部門講究效力的程度低一些。
- 研發部門有自己的一套「設計規範」（design rule），他們的研發規則、物理數據、技術基底有固定的套路，相較於銷售和市場部門，效力的程度會更弱。

- 製造部門遵照一套標準化的工藝，生產同一種產品時，材料、生產環節和生產線基本上是固定不變的；唯一變化的只有生產線上的作業員。因此製程或工業工程師會設計簡單的組裝動作和各種「防呆」措施，避免人為失誤發生的可能性。所以，我們一般用效率來評價製造部門的生產力水平。

生產力頻譜圖

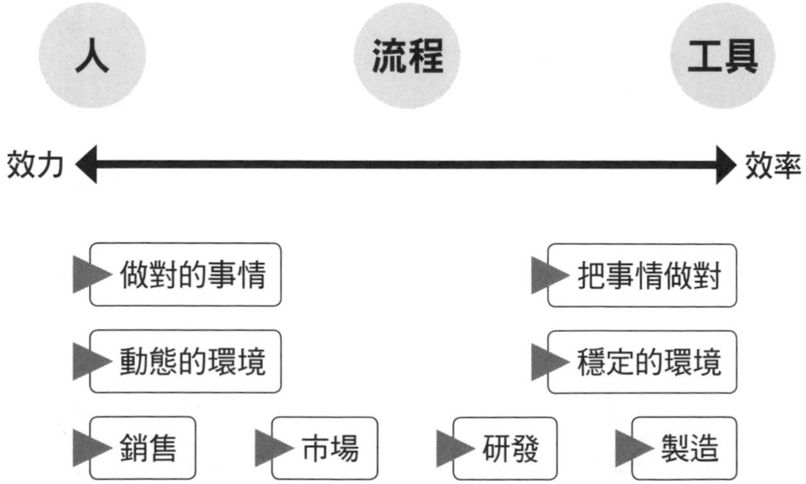

如前頁「生產力頻譜圖」，標準作業程序（SOP）偏重箭頭的右邊，對達成效率比較有用，但對於經常變化著的環境下的工作處理比較無效。依此原則歸納，製造業偏重效率，服務業偏重效力。

由此也可以總結出人與設備的差異：人具有學習能力和創造性，靈活性強。這也是人的最大優勢，現今的工業機器人再厲害，也不如人的手腳靈活。設備的優勢則是穩定性強，可靠度高，能進行重覆性的工作，而結果不會有太大的差異。

然而，人和設備也各有缺陷：人會受情緒和外在環境影響，具有不穩定性；設備在穩定和重覆的工作機制中，沒有判斷能力，垃圾進、垃圾出（Garbage In Garbage Out），靈活程度低。

設備在最初購入時的價格成本往往比較高，但隨著使用年限折舊，成本會呈下降的趨勢。人員初入公司時的薪資成本通常遠低於設備，但薪資會隨著工作年資的增加、工作技能等各方面的提高而提高，人資成本則呈上升趨勢。

從壽期終了（End of Life, EOL）成本來講，人工作直至退休，退休金成就了持續工作的壽期終了成本；設備退出工作也就意味著使用年限已經到了，最終結果是註銷和報廢，不再有額外的退出成本。

設備從一購入開始，它的價值和功能就是固定的。雖然有些設備可以透過抽換軟硬體做功能升級，但是通常提升的幅度很有限，因為設備會更新迭代。新一代設備往往性能更好、功能更強、價格更低，而舊設備的維修費用隨著使用年限節節攀升，舊設備的價值永遠比不上新設備。

在同種類不同品牌的設備間比較，其性價比通常差異不會太大，否則早就被市場淘汰了。

人則可以透過學習，不斷提升自己的

人與設備的成本比較

	人	設備
最初成本	低	高
隨後成本	增值	折舊
EOL成本	退休金	註銷及報廢

結論 人力成本遠高於設備成本。

價值和績效水平，在工作中發揮更大的作用；許多企業的執行長在初入職場時也都是從最基層幹起。因此，人的價值會隨著工作年資和經驗的增加而不斷提高。

人與人之間的價值差異，則遠比同類設備之間的差異大多了。同一批進入企業的新人，工作績效就有所不同；甚至有人會闖禍或貪瀆，不但沒為企業創造價值，反而帶來負面影響。所以我認為，人和人之間的價值差異可以是無限大的。

一般企業在採購設備之前，都會進行嚴格的論證，在各個關卡和流程嚴格把控，如需求分析、資金預算、規格、購買申請、審批等。然而在聘用成本更高、價值差異更大的「人員」時，許多企業卻遠沒有像採購設備這般重視。

人和設備的價值比較

	人	設備
績效水平	可透過學習提升	固定
績效差異	無限	0～20%

結論 人的價值潛能是無限的。

設備的採購流程

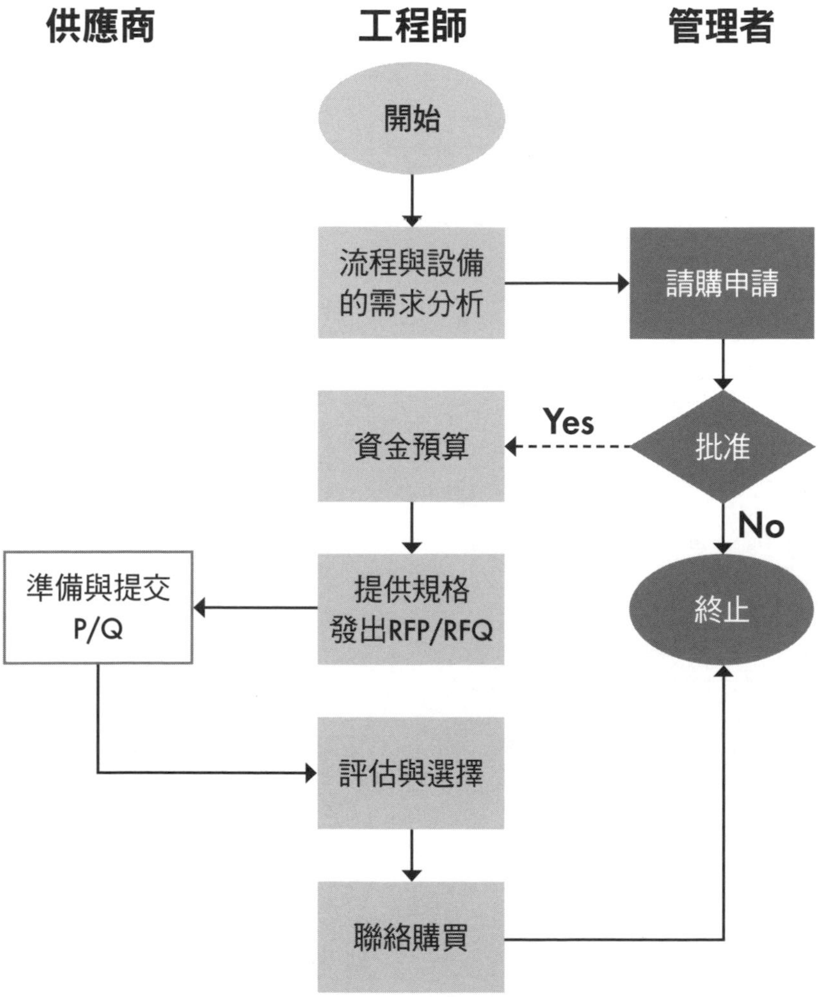
供應商
工程師
管理者
開始
流程與設備的需求分析
請購申請
批准
Yes
No
資金預算
終止
準備與提交P/Q
提供規格發出RFP/RFQ
評估與選擇
聯絡購買

我認為，人員聘用前必須考慮清楚兩大方面的問題：

1. **對人員需求作分析：**我們能否趁機更改組織架構、重新分配工作，因此可以減少甚至不必再聘用？投資回報率（Return on Investment, ROI）如何？對產品品質和工作效率影響如何？

2. **對需求人員是否有清晰的輪廓和條件：**我們有沒有事先準備好崗位職責說明書，明確目標人選的輪廓（如專業、技能、工作經驗、條件等）？

人員多寡關係到公司的組織架構，然而組織架構並不是一張圖表，而是一個活的有機體，也是一切費用和成本的源頭。它具有三個特點：

1. 它會在你沒注意的時候偷偷長大，造成冗員和巨大的成本負擔。

2. 在組織架構沒有配合公司策略的情況下，所增加出的非必要職務就成了冗員。而在這些位子聘用越多優秀人才，對企業造成的浪費越大；因為越優秀的人才會越想把工作做好，也就會動用更多的公司資源，但是創造的價值卻微乎其微。

3. 任何組織都會抗拒改變，無論是變好還是變壞；而且組織越龐大，抗拒改變的力量越大。所以，任何策略的改變和創新必須從調整組織做起。

我經常會給企業一個建議，寧願聘用一個「超過標準」（overqualified）的員工，也不要聘用一個「未達標準」（underqualified）的員工。

超過標準的員工或許起薪要求比較高，而且留才難度更高，但這樣還是遠比聘用「未達標準」的員工，績效既達不到期望、又不能隨著企業成長進步，而且還一直待在公司不走來得好。

以人為本，產能躍升

以上，我將人和設備從經營的角度，量化進行比較，總結了這麼一個結論：**人遠比設備重要，所以必須要「以人為本」**。

基於這樣的分析和溝通，我說服了中方董事和管理層，多投資在體制改革和人才培育上，並為中國惠普制定了一系列的人才培養計劃和制度改革方案，包括行政、薪資制度等；在提高企業生產力的同時，也實現了「以人為本」的理念。

相較於我的做法，當時許多中國企業往往更關注先期設備的投入，但對組織和人員的管控重視度不夠，造成龐大的企業集團。在今天人工成本不斷增加、人口紅利已經消失的大環境下，這樣的企業必定會付出慘痛的代價。

02 從「大歷史觀」看企業管理的思維與藥方

我在大學唸的是電子工程專業，畢業後服完兵役，加入一家小貿易公司擔任業務工作。兩年半以後，我有幸被惠普台灣分公司招聘，於一九七九年三月成為跨國企業的員工。在加入惠普之前，我從來沒有任何管理的經驗，加入之後才開始接受完整的管理培訓；這些課程比較偏重實務和應用，對於即將成為專業經理人的我，非常實用。

一九八五年，我提議成立惠普和台塑的合資顧問公司，透過自學以及自己創造的策略規劃流程，為當時仍然在萌芽階段的台灣電子產業提供「五年策略規劃和電腦整合製造」（Computer Integrated Manufacturing, CIM）的顧問服務。

一九九〇年，惠普公司把我調升到加州矽谷總部，擔任洲際總部的業務開發經理；我的責任除了協助洲際總部總裁做五年長期策略規劃之外，還由公司資助學費，利用晚上時間到聖塔克拉拉大學去修一個MBA學位。

這些經歷讓我得以一窺跨國企業的管理模式和學術機構的管理理論，形成了我自己獨特的管理專業和風格。加上「大歷史觀」的影響，我對於管理模式的變革有獨特的看法，既不完全像學術理論，也不是江湖草莽的實戰技巧。

目標管理（MBO）

美國惠普公司由兩個史丹佛大學畢業生比爾．惠利特（Bill Hewlett）和大衛．普克德（Dave Packard），在一九三九年創立於加州的帕羅奧圖市（Palo Alto），以人性化的目標管理知名，並且成為矽谷的標桿企業之一。

「目標管理」（Management by Objectives, MBO）一詞由彼得．杜拉克（Peter Drucker）於一九五四年在《管理的實務》（Management: tasks, responsibilities, practices）一書中所提出，主張：

> 經由主管與屬下的討論，以溝通和連結的方式，讓組織目標由上而下、與員工的工作目標相環扣，使組織上下努力的方向與組織目標一致。

以上這段話，是MBA課本裡面所解釋的目標管理。但是我從惠普公司服務的經驗裡，瞭解到目標管理的重點是：每年年底，主管和下屬都會一起坐下來，檢討過去一年的成果、可以改進的地方、和未來一年應該訂定的目標。透過詳細的討論，使雙方能夠達成共識。

這些年度目標，通常是跟財務數字有關，而且是可以量化、可以衡量的目標。然後，主管應該給予員工足夠的自由空間，讓員工發揮自己的創意和積極性，達成下一年的目標。在執行的過程當中，主管扮演著提供資源的角色，來協助員工成功達到雙方所同意的年度目標。

「走動式管理」與「門戶開放」

為了避免在年底時一翻兩瞪眼，沒有達到年度目標，想挽救也已經來不及的情況，因此還有兩個非常著名的管理模式，跟目標管理同時配套使用：分別是「走動式管理」（Management by Wandering Around, MBWA）和「門戶開放政策」（Open Door Policy）。

「走動式管理」要求主管在上班時間，不要只顧著開會或是坐在自己的辦公室裡，應該經常到員工工作的現場去走動。發現員工在工作中做得好的地方，立刻予以口頭表揚；發現員工在工作中做得不盡理想，就可以及時給予協助和指導。

也就是說，主管應該主動出擊，去幫助任何有需要的員工。

反過來說，員工在工作上難免會有和主管意見不一致的時候，但又無法說服主管採納自己的建議。這個時候「門戶開放政策」就提供員工一個主動的途徑，讓員工有權利找主管的主管「越級溝通」。如果員工仍然不滿意，可以一直越級往上去溝通，直到員工得到滿意的答覆為止。

這種越級溝通是惠普獨特的文化，也充分證明惠普「以人為本」的價值觀不僅僅是口號，而是真正付諸實行。

說到這裡，還沒有碰觸到門戶開放政策的核心重點。但凡員工行使他的「門戶開放政策」權利的時候，被越級的主管絕對不能夠秋後算帳，利用主管的職權進行報復。如果主管有秋後算帳的行為被發現，一律開除、嚴懲不貸。

對於這一點，我是衷心敬佩惠普公司這種「以人為本」的價值觀。在我服務惠普的二十年當中，就親自見證過非常高階的主管，因為觸犯了這個「門戶開放政策」而被當場開除的案例。

全面品質管理（TQM）

「全面品質管理」（Total Quality Management）的概念及基礎理論，最早是由美國品管專家戴明（W. Edwards Deming）博士於一九四〇年提出，但初期並未獲得大眾的迴響，反而在日本產業界受到極大的重視。

第二次世界大戰後，麥克阿瑟（Douglas MacArthur）將軍延請戴明及裘蘭（Joseph M. Juran）等學者，到日本講授品質管制的方法，重建日本經濟力量。

一九五〇年，日本產業界推動品管圈（Quality Circle）理念，在管理思維上產生了重大變革，因此廣為推行，並且迅速提升了製造業品質，不僅使產業立足國際，同時也在教育界推動了這個觀念。

一九八〇年美國國家廣播公司（NBC）報導「日本能，為什麼我們不能？」的專題，引起大眾熱烈討論戴明的品管理念，迫使美國政府重新定位戴明哲學，並正視品質提升的重要性，重新建構TQM模式，使全面品質管理理論體系更臻成熟，並且快速傳播至世界各國。

當惠普早期進入日本市場的時候，是和日本的橫河電機（Yokogawa）在一九六三年成立合資公司，簡稱YHP。一九八二年，YHP在全面品質管理方面的努力獲得了成效，成為第一家得到日本品質最高榮譽「戴明獎」的外資企業，掀起了整個惠普公司學習、引進全面品質管理的風潮。

一九八三年，我很幸運地被指定擔任惠普台灣的業務發展經理兼「全面品質管理經理」，公司派我到日本YHP一個月，去學習、引進全面品質管理的管理模式。

全面品質管理的核心理論是：任何事情都可以被流程（Process）化，然後用流程圖（Flow Chart）畫出來。只要是流程，透過科學方法和定量化目標，都可以測量、進而改善。因為流程可以再切割細分，因此改善也可以永無止境。

另外，全面品質管理理論也認為，最適合、而且最有能力解決問題的人，就是最靠近問題的人。如同「目標管理」有「走動式管理」和「門戶開放政策」做配套，全面品質管理也有由下而上的「品管圈」*（QCC）和由上而下的「方針管理」（Hoshin Kanri）做配套。

品管圈大多數人耳熟能詳，因此我就不多著墨。方針管理是以品質為核心的經營管理，它要求對企業方針進行全面展開和管理；不僅要層層展開目標值，還需要層層落實措施。它也是目標管理的最新發展，能把企業上下的目標整合一致。

方針管理法被認為是全面品質管理的有力支柱，也可以說是戴明迴圈（Deming Cycle，亦稱Plan-Do-Check-Action, PDCA）在管理流程中的具體應用。

以上談到的目標管理和方針管理的目標，其實就是ＫＰＩ（Key Performance Index）。

---

*編注：品管圈意指由相同、相近或互補之工作場所的人們，自動自發組成數人一圈的小團體，然後全體合作、集思廣益，按照一定的活動程序，並且活用品管七大手法，來解決工作現場、管理、文化等方面所發生的問題及課題。

關鍵績效指標（ＫＰＩ）

一個成功企業確實需要很多ＫＰＩ。在審視產業及競爭環境之後，為了集中全企業力量做重點突破（Quantum Leap），就由經營團隊訂定年度方針目標，聚焦全企業資源在一到三個最重要的ＫＰＩ；然後在組織裡，由上到下、層層展開各部門的ＫＰＩ和行動計劃。

這就是方針計劃的精髓，這樣的改善目標，就不是僅僅二十％到三十％而已。

至於企業其他的ＫＰＩ，則進入「例行管理」，也叫做「異常管理」——訂好每個ＫＰＩ的控制限度（Control Limit），如果計劃的執行結果在限度範圍內，就不需要花時間或資源去檢討。因此，整個企業可以將注意力和資源，用在年度方針目標的執行和改善上。

從大歷史觀看美國管理觀念的改變

目標管理在美國流行了三十年以後，卻被全面品質管理的風潮取代。為什麼呢？從當時的客觀因素來看，日本的家電和電子產品風行全球，打敗了所有的歐美競爭對手，使得以人性化管理、科技領先的歐美企業非常恐慌，不禁對自己的產品品質管理和企業管理失去了信心，因此群起引進並學習日本的全面品質管理觀念。

但是，從「大歷史觀」的角度來看，目標管理有它先天上的缺點。目標管理主要使用量化的財務指標，給員工極大的自由，讓員工發揮創意與積極性，完成雙方同意的年度目標，導致目標管理的缺點是：**只重視工作結果，而沒有重視過程**。

所以，目標管理只重視員工工作產出的「結果」，而沒有重視達成目標的「過程」和「流程」。在信任員工能力的情況下，到了年底才發現目標達不成時，已經來不及挽救了。

全面品質管理正好補救了目標管理的缺點。它同時重視過程和結果，並且用許多科學方法來把工作內容流程化，以期持續改善產品和管理的品質。

就如同黃仁宇在他的「大歷史觀」所說的，當歷史的潮流形成的時候，是時勢造英雄，恰巧在那個時間在那個位子，任何人都可以變成英雄。

在八〇年代初期，全面品質管理就順理成章的取代了目標管理，成為全球企業競相引進的新管理風潮。

價值鏈（Value chain）

一九八八年，我在台灣的工作成果得到了惠普亞洲和全球總部的注意和認可，又幸逢台灣政府開放大陸探親，於是開始了我在惠普海外派駐的生涯，奉派香港惠普亞洲總部擔任第一任市場部經理。

當時，全面品質管理已經慢慢被「價值鏈」所取代。價值鏈又名價值鏈分析、價值鏈模型等，由麥可．波特（Michael Porter）在一九八五年於《競爭優勢》（Competitive Advantage）一書中提出。波特指出，企業要發展獨特的競爭優勢，必須為其商品及服務創造更高附加價值，作法就是解構企業的經營模式（流程），成為一系列的增值過程，而此一連串的增值流程，就是「價值鏈」。

學院派客觀分析指出，全面品質管理的式微，是受到日本「泡沫經濟」的影響。「泡沫經濟」是日本在一九八〇年代後期到一九九〇年代初期出現的一種經濟現象。這段時期的長度，根據不同的經濟指標會有所差異，但一般是指一九八五年十二月到一九九一年二月之間，共四年三個月的時期；這也是日本在戰後僅次於一九六〇年代後期「經濟高速發展」的第二次大發展時期。

一九八五年到一九八八年期間，隨著日圓急速升值，日本企業的國際競爭力開始大幅下降，但是國內的投機氣氛越趨熱烈。一九八七年，投機活動波及所有產業，資金集中在房地產及股票市場，企業也不再重視全面品質管理；日本產品在新興起的ＩＴ時代越挫越敗，全面品質管理也不再是企業成功的保證。

但是從「小歷史」微觀的角度來看，也發人深省。

全面品質管理的矛盾

惠普公司從一九八二年始大力擁抱全面品質管理，全球的工廠和機構都要實施該制度，每年還定期舉辦全面品質管理比賽，評選出全球機構的前三名予以頒獎表揚。

但是，每年在全面品質管理比賽得名次的產品工廠，卻往往在營收獲利方面表現不佳，甚至於有產品工廠因連年虧損而關閉。於是惠普高層開始反思：全面品質管理是否真的是成功的保證？

另一方面，在基層員工全面實行品管圈活動，每週一次到兩次的會議。職務之外，增加許多品管圈相關的流程改善工作量，尤其需要大量的數據分析和建立文件檔案。好不容易在三到六個月完成一個改善週期，又必須開始一個新的週期；大流程做完，切分進入小流程，越來越多細節。因此員工抱怨連天，剛開始時的熱情也都消失了。

從「大歷史觀」的角度來看，全面品質管理重視過程和結果，這個新的管理模式確實比「光重視結果」的目標管理強。但是經過連續不斷地多年改善，容易造成「見樹不見林」的現象；參與的管理層和員工，都有不知「為誰而戰？為何而戰？」的困惑。

記得我在一九八七年的時候，安排台灣一個大客戶去訪問惠普總部。客戶訪問團中有負責人資的副總，特別指名要和惠普總部人資單位座談，以便交流學習。

我親自打電話給惠普總部人資副總裁，是他秘書接的電話。我告訴這位秘書我們的目的和拜訪時間，秘書查了一下行事曆，回答那個時間有衝突，因為他們要舉行非常重要的品管圈小組會議。

我基於好奇心，想要知道人資部門在品管圈會議做什麼流程改善，因此詢問他們會議的主題是什麼，結果答案令我啼笑皆非。他們的品管圈題目是：「如何增加與客戶接觸的時間，以提升客戶滿意度」。

我已經把客戶帶到他們面前了，他們卻因為要開這個會，所以沒有辦法和我的客戶見面，這實在是一個本末倒置的大笑話。

全面品質管理強調持續流程改善（Continuous Improvement），永不停止，因此就像主支幹長出了橫生的藤蔓，到處攀爬、失去控制。最後，參與的全員都被埋沒在細節、數據與文件當中，忘記了當初實行全面品質管理的目的。

就在這團混亂當中，麥可．波特的「價值鏈」橫空而出，它強調的是：一個企業存在的目的，是為客戶創造價值。一個企業的各部門，可以分為主要部門和支持部門，但是最終的目的，都是要為客戶創造價值。

價值鏈取而代之

「價值鏈」宛如一把大斧頭，把全面品質管理多年來野蠻生長的藤蔓全部砍掉，讓企業回歸到「以客戶為導向的價值創造」的定位。

在全面品質管理造成混亂局面、不知如何收尾時，價值鏈就順理成章地成為英雄，得到了全球企業的擁抱。

我在一九八八、一九八九這兩年之中，擔任惠普亞洲區市場部經理，這段期間我就是以價值鏈的模型，重新規劃整頓了惠普亞洲區各個國家的組織，使得公司更加強化客戶導向、為客戶創造更多價值，並因而得到了一九八九年惠普「全球最佳市場表現」的大獎。

在此順便提一下有趣的「產學差距」。我一九九〇年調職到美國加州惠普總部，晚上去聖塔克拉拉大學修MBA課程。有一堂管理課程的期末考，論述題目恰是談麥可．波特的「價值鏈」。於是我把我在惠普亞洲市場經理任上，運用「價值鏈」模型改造組織並得獎的成果大大發揮了一番。

誰知，成績公佈後，我得到一個C。我去找助教理論，他說我沒有依照教授上課的標準答案教材回答。我只好登門踢館，找教授好好論證一番，最後教授給我一個A，還我清白。

平衡計分卡（Balanced ScoreCard, BSC）

一九九二年一月，我順利拿到了MBA學位，走馬上任到北京擔任中國惠普第三任總裁。

當時管理學界都在積極討論一個題目：企業如何永保競爭優勢？但似乎企業成功的關鍵，最終也是企業衰退的原因。有許多學者認為，答案應該就是「學習型組織」，而組織的關鍵就是「人」，也就是企業的員工。

九〇年代中期，「平衡計分卡」制度漸受歡迎，而「價值鏈」慢慢淪為口號。

「平衡計分卡」是二十世紀、九〇年代初期，由哈佛商學院的羅伯特·柯普朗（Robert Kaplan）和諾朗諾頓研究所（Nolan Norton Institute）所長、美國復興全球戰略集團創始人兼總裁大衛·諾頓（David Norton）共同從事「未來組織績效衡量方法」研究計劃，於一九九二年共同發展出來的策略性績效管理工具和一種績效評價體系。

當時該計劃的目的，在於找出超越傳統以財務量度為主的績效評價模式，以使組織的「策略」能夠轉變為「行動」，而發展出來的一種全新組織績效管理方法。平衡計分卡自創立以來，在國際上，特別是在美國和歐洲，很快引起了學界和企業的濃厚興趣與迴響。

平衡計分卡係是財務、顧客、內部流程、學習與成長四個層面，平衡評估組織的績效，並連結目的、評量、目標及行動的系統，轉化成可行方案的一種策略管理工具。

傳統企業的經營模式，已不足以因應產業價值鏈的急劇改變。有鑑於此，柯普朗與諾頓在一九九二年提出「平衡計分卡」的概念，至今已發表四本專業書籍，包括《平衡計分卡》、《策略核心組織》、《策略地圖》及《策略校準》。

如果你看過這幾本書，可能會跟我一樣感覺到，這個平衡計分卡的模式實在是有夠複雜。但是，讓我們用「大歷史觀」的角度和高度來看看，究竟「平衡計分卡」是什麼？為什麼會誕生？

目標管理主要是聚焦在「財務」相關的、可量化的ＫＰＩ；全面品質管理引進了工作「流程」相關的ＫＰＩ；價值鏈則大力推動為「客戶」創造價值。

以上三者，再加上當時非常流行的「學習型組織」，這不就是平衡計分卡的四個面向：**財務**、**顧客**、**內部流程**、**學習與成長**？

從五〇年代開始流行的目標管理，到八〇年代初期的全面品質管理，接著八〇年代末期的價值鏈，然後九〇年代中期的平衡計分卡，再到二〇一三年的戰略地圖，不都是有跡可循，其來有自？

企業再造（Reengineering）

先看看「企業再造」出現的時代背景：二十世紀、八〇年代初到九〇年代，西方發達國家的經濟經過短暫復甦之後，又重新跌入衰退狀態；許多規模龐大的公司組織結構臃腫、工作效率低下，難以適應市場環境的變化，出現了「大企業病」的現象。

當時麻省理工學院教授麥可．漢默（Michael Hammer）與西恩指數顧問公司（CSC Index）執行長詹姆斯．錢辟（James Champy）為了改變這種狀況，在廣泛深入企業調研的基礎上提出了企業再造理論；一九九三年，兩人將多年的研究成果公諸於世，聯名出版了著名的《企業再造》一書。

本書系統闡述了企業流程再造*（Business Process Reengineering, BPR）思想。作者提出再造企業的首要任務是「企業流程再造」，只有建設好企業流程再造，才能使企業徹底擺脫困境。

企業流程再造理論隨即成為席捲歐美等國家的管理革命浪潮，並被譽為自十八世紀英國經濟學家亞當．史密斯（Adam Smith）的「專業分工理論」之後，最具有劃時代意義的企業管理理論。

從學術角度出發來探討「企業再造」的誕生，或許上面的說法沒有錯。但是，以「大歷史觀」的高度來看，為什麼「企業再造」會受到企業界的擁抱和推崇？我有不同的看法。

科技進步的速度，遠遠高於學術研究和政府政策的腳步。目標管理、全面品質管理、價值鏈、平衡計分卡等管理模式，都是在企業的既有架構上做補充和改善。如同一棟房子，可以重新做隔間、重新裝修、換傢具、外牆拉皮，但是房子還是那棟房子。「企業再造」的重點在於：

當高科技產業發展的速度和其產生的技術，已經威脅到現有的「生意模式」時，目標管理、全面品質管理、價值鏈、平衡計分卡都失去了作用，挽救不了終會被顛覆的這些企業，只有打掉房子、重新再建。

自從IT時代來臨，手機、互聯網、移動互聯網、雲端、大數據，和即將到來的物聯網衝擊之下，許多管理良好的傳統企業已經被顛覆、消失無蹤了。

＊編注：企業流程再造也有人譯為「企業流程重組」或「流程再造」。

如果給這些企業一張「白紙」，假設可以利用現有的和即將到來的所有高科技，拋掉現有的包袱，那麼企業的經營團隊將會如何重新設計他們的生意模式？這就是「企業再造」！

部門不同，藥方不同

一個優秀的老師，必須因才施教；一個優秀的企業經營者，也應該依照每個事業單位、每個部門的情況，施予不同的管理模式。企業經營者不應該一窩蜂的追隨潮流，追求最新的管理模式，導致不管是有病沒病，不管是什麼病，所有的部門都用同一種藥方。

不同的部門、不同的問題，要用不同的手法來改善。

例如，A部門，主管有領導力，部門人員穩定，營收獲利每年都達到目標，客戶滿意度也很高。此時，就應該用「目標管理」的模式來管理這個部門。

B部門經常性加班，人員流動率高，一直在培訓新進人員，客戶也經常抱怨先前業務人員答應過的事情，新進人員都不知道、也不承認。顯然這個部門沒有穩定的工作流程，也沒有SOP，應該用TQM模式把基礎打好。

C部門一直抱怨工作量太大，造成經常性加班，可是給這個部門加再多的人，部門的目標也都無法如期完成，而且客訴不斷，客戶流失嚴重。這個部門應該用價值鏈的模型，來檢討部門的主要工作流程，看看是否都會為客戶創造價值。如果是無法創造價值的工作，就應該簡化或去除。

D部門的績效總是排在中段班，人員非常穩定，部門平均資歷高於公司平均；每年都勉強達成目標，但業績成長有限，創意不足。其他部門偶爾會抱怨D部門非常官僚、難以合作，讓人感覺像個公家機關。這個部門或許需要使用平衡計分卡，尤其強調內部人員的學習和成長，可以使用末位淘汰，引進年輕新血。

E部門非常努力，但是競爭對手優勢明顯，業務和客戶不斷流失，市佔率下降；雪上加霜的是，部門的歷史包袱沉重，試過許多辦法做改變，都效果不彰。這個部門可以慎重地考慮使用「企業再造」，利用最新的高科技，改變現有的生意模式。

新創產業未來的挑戰

上述的管理模式都是為大企業設計與建議的。在今天全球經濟成長趨緩的情況下，各國政府都在鼓勵創新創業；那麼這些新創公司需要的管理模式是什麼呢？很顯然的，上述的這些管理模式並非全然無用，但也並非全然管用。

除了眾籌、融資、孵化器和加速器、業師輔導之外，新創公司大多沒有經驗也沒有規模，他們需要什麼樣的管理模式呢？

其實，許多學術研究成果產生的管理理論和模式，都是「事後孔明」。套句我們工程師的術語，就是「逆向工程」（Reverse Engineering）的結果。

換句話說，就是作為先鋒的這些初創企業，必須摸著石頭過河，然後他們的經驗才能夠被這些管理學者們研究歸納出新的理論和模式，供後進者參考。

我們知道，產、官、學、研這四種角色之中，永遠都是產業走在最前頭，尤其是初創企業。如何能讓官、學、研都加快腳步跟上，會是一個國家發展高科技及經濟成敗的關鍵。

希望這篇文章透過解析時間線，能夠為各位讀者將不同時代的管理理論和思潮串聯起來，並且應用在工作實務上。前事不忘，後事之師，只要瞭解了來龍去脈，或許你會發現，管理工作其實也沒有那麼複雜和困難。

03 有效的談判策略

最近華航的兩次罷工談判，佔據了主流媒體的不少版面，在網路上也有鋪天蓋地的討論。

談判的結果，是資方對於勞方的訴求照單全收。這樣是好是壞，當然見仁見智，但我想藉這個時機，和朋友們分享一下我自己過去經常使用、也常教導屬下運用的談判策略和技巧。

二〇〇七年七月我加入鴻海，工作之餘陸陸續續舉辦主管培訓；二〇〇九年，我開始有系統地整理過去三十幾年的跨國企業管理方法和經驗，在每個月的第一個週六下午，以每個主題三小時的時間開課，培訓富士康集團旗下我所負責的事業群主管們。前後一共整理出了十堂課程。

議價就是談判，必須知己知彼

二〇〇九年年底，我接到郭台銘董事長辦公室助理的通知，郭董事長希望我為富智康（ＦＩＨ）的產品經理們開一堂課，教導他們如何報價。

我花了兩天時間，把我的報價方法和系統整理成一堂課，並且增加了談判技巧的部分，因為報價離不開議價，議價也就是談判。整堂課的題目是：「報價策略和談判技巧」。

沒想到我第一次開這門課的時候，現場來了快兩百人。因為我不覺得富智康的產品經理有那麼多人，於是當場做了個調查，發現來的人當中，產品經理是一小部分，其他人大部分是採購、經管、財務和業務人員。

這些人作為議價談判的「另一方」，對於產品經理如何報價、如何議價、如何談判，都非常有興趣瞭解。所謂「知己知彼，百戰百勝」，雖然是同一個公司的同事，也有可以學習的地方，所以這個題目也吸引了許多不同職務的人來參加。

不要零和，追求雙贏博奕

如果談判雙方只談判一個項目，這就是一個零和（Zero Sum）的局面。一方多了，另一方一定是少了，因此很難達到雙贏的結果。

要達到雙贏的結果，談判內容一定要是多個項目。例如這次華航空服員罷工提出了七個訴求，華航企業工會罷工提出了八個訴求，這就有了一個可以經由談判達到雙贏的基礎。但是，如果談判的一方堅持要打包談判，不管幾個訴求都變成了一個項目，就不可能達到雙贏。

為什麼多個項目的談判內容可以達到雙贏呢？我們就用華航空服員提出的七個訴求來當作例子。

●策略——排序

讓我們假設勞方和資方都各自帶開、關起門來討論，將這七個訴求依照「各自認為的重要性」來進行「強迫排序」（Forced Ranking）。在這樣的前提下，雙方排序結果完全一樣的可能性微乎其微。只要排序不同，就有了雙方談判達成雙贏的可能性。

作為資方的華航高層，必須要充分瞭解勞方，這就是所謂的「知己知彼、百戰百勝」。所謂「知彼」，並不是光知道他們書面上提出的訴求就好，首先要瞭解勞方對於這七個訴求重要性的排序，對勞方每個訴求的底線在哪裡也要有正確評估。

然後跟自己（資方）的排序，以及每個訴求的可讓步目標，併排做個比較。這樣才會知道每個訴求的差距有多大，藉此思考如何說服對方，並且想出說服對方的理由。

●談判——交換

談判一開始時，先挑「對方認為重要」的、也就是「高排序」的，但在己方是屬於「中或低排序」的訴求來談。

在談判過程中，運用先前已經思考過的、能縮小雙方差距的方法和理由來表明立場；但最終要讓步，盡量滿足對方的需求，盡量達到對方滿意的目標，以緩和雙方的對立氣氛。

談判要從對方認為重要、而我方認為較不重要的項目開始。

接下來要談的訴求，是「雙方差距最小」的、也最容易達到共識的，依序爭取最容易達成協議的訴求共識。這時，七項訴求也許已經談成了五項，最後的談判就輪到了「己方認為最重要」的、也就是排序高的，而對方排序是屬於中下的訴求。

由於前面的談判累積了足夠的努力和成果，使得雙方不願意輕易為了剩下的幾個訴求，而放棄前面的成果。因此，可以比較容易達到「己方不能退讓」的目標，而且又可以真正達到雙方滿意的雙贏。

●博奕——平衡

一九九一年冬季，也是我在美國加州聖塔克拉拉大學ＭＢＡ課程的最後一個學期，我修了一門課，叫做「策略、談判和博奕理論」（Strategy, Negotiation and Game Theory）。這門課的名字相當吸引人，當時博弈理論剛剛推出沒有幾年；我們使用的教科書，很多地方的說法要不是非常理論，就是不清不楚，連我去問教授都得不到具體的答案。

我從這門課裡面學到的重點是：**博弈雙方的目的不在於消滅對方**。在自由市場經濟的環境下，如果你消滅了競爭對手，就形成了獨佔的局面，但巨大的利潤必定會吸引新的競爭對手加入，所以你永遠沒有辦法消滅「對方」。

在我畢業後的六、七年當中，我結合自己的實務經驗和課本中學到的理論，產生了自己的方法論。

我認為博弈的目的，是經由策略和談判，達到雙方都能夠接受而且滿意的平衡點（Equilibrium Point）。只要有任何一方試圖改變，局勢都只會更為不利，所以雙方都希望保持辛苦達到的成果。因此，在經過排序和談判的過程之後，雙方都放眼未來，希望維持這一個平衡點，這才是博弈的真正精神和目標。

從「擁有成本」角度爭取更多優勢

如果有一個項目是對方覺得最重要、但我方也覺得最重要的，那這個項目要先談嗎？例如在採購議價的談判中，通常價格就是雙方覺得最重要的；其他的驗收、保固、退貨問題都是其次，那怎麼辦？

如果你是賣方，對方是買方，那麼你應該要瞭解什麼叫做「總體擁有成本」（total cost of ownership）。

看得見的產品成本只是冰山一角，許多隱性成本你必須非常清楚；但如果對方是採購人員，則通常只會重視產品價格。銷售的任務，就是讓客戶瞭解產品的價值，以及採購以後的隱性成本。如果你盡了一切努力，採購還是不認同，那麼你應該往高層走，高層比較容易理解。

賣方應該爭取隱性成本降低，而不只是跟客戶爭議產品價格。例如付款條件、交貨期、維修服務、保修期等等，都是需要著墨的地方。如果要談更深一個層次的談判項目，還可以包含未來訂單的頻率、訂單的數量、出貨平準化、產品運送方式、庫存誰屬、保險等等。

因此，作為賣方的你，盡量不要跟客戶爭取把價格擺在第一優先，應該把其他隱性成本的大項、而客戶又不見得會非常介意的，盡量排序在前面，不要跟客戶硬碰硬。這個時候，價格的談判要看客戶對價格堅持的程度，來決定是擺在前面談、還是慢一點談；無論如何，價格盡量擺在後面談，先談其他隱性成本，對賣方比較有利。

那麼，對方會因此覺得，雙方已經花了這麼多時間談細節、再加上感受到我方很務實的替他們設想總體擁有成本等情感因素，此時再來談價格，對方就會因為情感因素，而不再這麼理性，使價格出現可談的空間嗎？

很正確，但是這只是一部分；這些隱性成本，應該也是談判的內容項目，應該具體拿出來談。老實說，交易條件有時候比產品價格重要得多。真正價格談判的高手，會非常重視交易條件；但是，這麼說並不代表價格不重要就是了。

談判的贏家

總結我過去二十幾年的談判經驗，我認為：

一、真正的贏家是懂得先輸的人。因為他很清楚地知道，哪些地方可以輸、什麼時候輸、可以輸多少，以便在必須贏的地方，爭取達到自己贏的目標。

二、在談判的過程中，有時間壓力的人一定讓步比較多。

三、在談判的過程中，沒有準備的人一定讓步比較多。
四、在談判過程中，獲利較大的，一定是隨時準備放棄談判的一方。
五、談判的結果，如果是一方贏、一方輸，長久一定會變成雙輸的下場。因為一方贏、一方輸，並不是一個平衡點（Equilibrium Point）。

最後，重要的事情再說一遍：

策略就是排序；
談判就是交換；
博奕就是平衡。

04 議價：業務人員必須精通的心理戰略

在談到如何「議價」之前，我必須先從「銷售」談起。早期台灣人對於做「業務」、也就是「銷售」的普遍看法和心態，都是非常負面的。

在八〇年代的台灣，大學主修電子、電機或電腦專業，並且在外商公司上班的年輕人，都比較喜歡擔任軟體系統工程師或是硬體維修工程師。對於擔任銷售工作，普遍都有一點抗拒的心理，家人往往也抱持反對的態度。

當時大部分人的理解，銷售就是靠一張嘴，說得天花亂墜，目的就是推銷產品。擔任軟體或硬體工程師，才算是個真正的「工程師」，比較受人尊敬。

在大陸高科技圈子打出響亮名號的孫振耀，和鴻海集團副總裁暨亞太電信董事長的呂芳銘，都是我在惠普台灣時的同事。加入惠普時，他們都擔任軟體系統工程師；後來在轉為銷售工程師的時候，也都經過一番內心的掙扎、和說服家人的過程。

在最近老友相聚時，他們紛紛表示，當時轉為銷售工作，是他們人生中最重要的決定。銷售工作不僅提升了他們的高度、擴大了他們的視野，而且銷售真的是一項非常專業的工作。

除了需要有銷售的專業知識和技巧之外，一個成功銷售人員必須具備的最重要的能力，就是**影響別人的能力**，而這也是一個成功領導人所必須擁有的基礎能力。

業務是「傳達價值」的工作

一個成功的銷售人員，必須把自己公司和產品的「價值」傳達給客戶。同樣一項產品，對於不同需求程度的客戶，就會產生大小不同的價值。

一瓶價錢上萬的法國波爾多紅酒，對於滴酒不沾的人來講，是沒有價值的。張大千的仕女畫對於廣達董事長林百里來說，可能價值幾百萬，但是對於不懂又不喜歡國畫的人來說，也是沒有價值的。

因此，一個銷售人員要把公司和產品的價值傳達給客戶，除了對自己公司和產品有充分的瞭解之外，還要非常瞭解客戶的行業和客戶的需求，才能夠真正打動客戶的心，創造產品最大的價值。

銷售人員努力工作的成果，最後都體現在和客戶簽約成交的一刻。而在簽約成交之前，必定會經過的一個階段，就是議價。

假設今天議價的對手就是客戶的採購部門，他們不跟你談別的交易條件，就只跟你談價格，那麼根據我前面文章所寫的，只談價格的時候就是一個「零和遊戲」，很難達到雙贏的結果。

在這種情況之下，該怎麼談判？該怎麼議價？

這一刻，就是檢驗銷售人員前期工作做得好不好的時候了。

根據我多年的經驗，在議價之前，其實客戶已經決定了要買你的產品、或是買你的競爭對手的產品。**議價只是走一個形式而已**。

我從來不相信，買任何對於公司未來影響很大的產品，完全是依靠價格而來決定。如果真的是這種情況，那麼跟在傳統菜市場買白菜有什麼兩樣呢？完全靠價格來決定跟誰買，這只說明了要買的這個產品對公司來講價值並不高、而且是一個沒有差異化的商品，所以跟任何一個供應商買都一樣。

通常造成這種情況，只有一個原因，就是銷售人員沒有做好工作，沒有把公司和產品的真正價值傳達給客戶。

議價避免吃虧

接下來我們進入本章的主題，議價。

議價時，買方只會出現兩種心態。第一種就是，已經決定要跟你買了，但是還是要殺價。

這種情況下殺價的目的就是「不吃虧」。因為，你的產品肯定不是只賣他們，你同時也會賣給他們的競爭對手。但是你賣給他們的競爭對手什麼價格，他們不知道。

如果買的比競爭對手價格高，他們就會承擔了高成本的競爭劣勢。他們可能會問你賣給競爭對手什麼價格，但你基於保密協議，肯定不能說；即使你真的告訴了他們，他們也不會相信。

這種情況，買方心裡沒有底價，因為殺價殺多了，怕你跑掉就買不成；殺少了，又怕買的比別人貴。所以第一種議價的心態，就是「避免吃虧」。

議價撿便宜

第二種議價的情況是，買方已經決定買你的競爭對手的產品，不買你的產品了。但是他們為什麼還要跟你議價呢？

銷售工作其實就是一種服務，客戶在做採購決定前，都會要求所有供應商提建議書、提報價、提供樣品、參觀公司、產品展示等等。在你做了種種工作、滿足了他們所提的要求之後，買方會覺得欠你一份人情；這時，即使他們已經決定不跟你買了，還是會給你一個機會，跟你議價。

在這種情況下議價，通常都是大刀一砍，根據報價砍個三、四成都是常有的事。理由很簡單，預算就這麼多，如果你們真的想成交，就要降價到我們的預算目標。

我過去常碰到一些沒有經驗的銷售，他們工作沒有做好，也不知道客戶已經決定買競爭對手的產品，反而回來跟公司說：「我已經成功銷售了，就看公司要不要這個生意；要這個生意的話，就必須接受他們砍價後的價格。」

碰到這種砍價的方式，如果你知難而退，那麼買方也算對你有一個交代；如果你存心虧損，忍痛接受買方要求的價格，那麼可能有兩種情況出現：

- 買方又不斷提出價格以外的新要求，讓你無法接受。這時候，你非常清楚買方送出了拒絕的信號，應該知難而退，生意不成情義在。
- 第二種可能性，就是買方同意簽約成交。這種議價的目的，我把它稱為「撿便宜」。雖然買方心中已經有了決定，但是如果你真的肯在價格上做這麼大的讓步，那麼就是撿到一個大便宜，跟你簽約成交，也是贏了。

根據買方心態決定談判策略

瞭解買方議價前的心態，對於你在議價時該採取的談判策略有很大的幫助。

對於「議價避免吃虧」的情況，你不能就此吃定對方，在價格上毫不讓步，因為採購也有他們的ＫＰＩ，不能不讓他們有點績效和成就感。這時可以提出其他的交易條件和價格一併談判，運用前幾章分享的談判技巧和策略，應該可以很容易地達到雙贏。

對於「議價撿便宜」的情況，你要嘛是怎麼讓步都成交不了，要嘛就是準備犧牲價格，做虧損的打算。銷售工作沒做好，再怎麼好的談判策略和技巧都沒有用。

以上我所提到的技巧，不僅僅是用在議價上。任何只談一個項目的談判，通常都會造成零和的局面，但是在上談判桌之前，必須要能夠掌握住對方的心態。

到底對方的心態是想要談成，或是根本準備談不成？如果連這個都不知道，貿然進入談判室，你就只能夠任人宰割了。

05 別讓成本優勢減損企業核心競爭力

一九八〇年代，台北的兩大電腦外商公司都不約而同地搬進了以公司命名的新辦公大樓，分別是位於復興北路三三七號的惠普大樓，以及位於敦化南路八德路交叉路口的ＩＢＭ大樓，現在叫萬國商業大樓。

不同的是，惠普大樓是惠普自己出資建造，而ＩＢＭ則是簽了十年租約，租下那整棟大樓。這十年租約的總金額，幾乎可以把這棟大樓依當時的市價買下來。

許多人對ＩＢＭ的這種做法非常不解，甚至於嘲笑ＩＢＭ，認為他們對台灣未來的經濟發展沒有信心、也不懂得投資在房地產上，白白浪費了巨額的租金；而惠普的做法顯然聰明多了，甚至我當時也贊成了這種說法。

一九九二年，我搬到北京擔任中國惠普第三任總裁。由於來自中方股東和員工的期望，我大力向惠普總部爭取在北京建造自己的辦公大樓。除了在房地產上的投資將來會有回報之外，在當地投資蓋辦公大樓，也會讓惠普員工產生歸屬感，並增加對公司的向心力。

一九九六年，我成功說服惠普總部，在東三環和建國門外大街交叉路口、中國大飯店旁邊的黃金地段，買了一棟辦公大樓並命名為惠普大樓，緊鄰著摩托羅拉和三星的辦公大樓。可惜的是，在搬進這棟大樓之前的一九九七年十月，我就離開了惠普，沒有享受到這棟新辦公大樓的工作環境。在當時，我還認為這是我在中國惠普總裁任內的政績之一，相當引以為傲。

在加入德州儀器之後，我擔任亞洲區總裁。而且是總部「二十人決策小組」的成員之一。我的職務比擔任中國惠普總裁時高了許多，視野和想法也因而產生很大的轉變。

回想起來，其實跨國企業並不笨，而是我們不理解背後決策的理由。當年ＩＢＭ辦公大樓只租不買的決策，確實比惠普高明了許多，我只提三點供各位參考。

彈性與無法預期的因素

第一，跨國企業在海外的據點，必須以彈性為優先考慮。因為在海外地區，當地國家政權和政策的穩定性，並不在企業經營層的控制和掌握之中，同時當地業務的發展也不可預期。租用辦公大樓，確實帶來了許多的彈性，可以應付未來的各種不確定因素。

如今，惠普和ＩＢＭ都已經搬離了以他們公司命名的辦公大樓。今天高科技產業的競爭，比起三十年前激烈多了；公司業務和組織的發展，也迫使他們必須搬遷。

控制資產、減少分母

第二，美國跨國企業一般都是在美國上市股票，所以他們的市值受到股價的影響非常大。華爾街對於公司市值的評估因素之一，就是「資產報酬率」（ROA），也就是「當年的營業利潤除以總資產」。

要提高資產報酬率，要嘛就是增加「分子」，也就是營業利潤，要嘛就是減少「分母」，也就是降低總資產。企業經營的主要目標之一，就是創造利潤；在全力創造利潤之外，能夠在企業經營層掌控之下的，就是控制好資產。

企業的主要資產有三大塊：

一、固定資產，包含土地、廠房、機器設備

二、庫存

三、應收帳款

說到這裡，大家都應該明白，租用辦公樓是納入當年的費用；但是買或投資辦公樓，這是變成了固定資產，也就是增加了投資報酬率的分母。過多的固定資產，對於企業的市值來說，必然會有負面的影響。

策略考量：成本與效率的平衡

第三，也是我認為最重要的是策略考慮因素：購買辦公樓帶來的成本優勢，往往反而會造成組織在效率和競爭上的劣勢。這個道理聽起來有點複雜，比較難理解：為什麼優勢反而變成劣勢？

通常辦公大樓的折舊分攤是三十年到四十年，因此長遠來看，每年的費用是比租金要來得低，況且辦公室租金以長期來看，大都是看漲的。所以在辦公室的使用成本上來看，買比租來得有利。

但是，企業在競爭當中，是比較總體競爭力；當你在一部分的成本上佔了優勢的時候，就很容易在其他的地方浪費掉了。

在當地市場上競爭，應該要反映當地的真實成本，不應該享受或依賴各種成本上的優勢，因為這樣的優勢會造成企業效率和競爭力的下降。

買辦公樓的成本分攤、政府提供的各種優惠政策、壓低勞動力成本等等，都屬於成本上的優勢。享受這種優勢，是企業經營層的取巧心法，但這像吃鴉片一樣會上癮。

如果企業的整體優勢並非全部來自於營運效率和核心競爭力，長遠來看其實對企業是有害的。

一個企業的整體優勢，應該來自於組織的經營管理和效率、核心技術和產品、成本管控等等，這些才是一個企業真正的核心競爭力。

依靠總部資金優勢來投資辦公樓，以降低辦公室使用成本、利用政府補貼來降低成本和增加利潤、壓低勞工薪資或鼓勵勞工免費加班等等措施，短期看來是有利的，但是長期來看，對企業的整體競爭力是有害的。

最近台灣的熱門話題，包含亞洲矽谷、華航罷工、台灣勞工低薪、國定假日應該放幾天、應不應該鼓勵員工加班等等。各位讀者看了我這篇文章，心中是不是有了自己的一把尺？是不是有了自己的結論呢？

06 發明與創新：找對方向的三個原則

有朋友問過我，發明與創新的區別是什麼？網上有許多的討論，大多數人應該可以同意的看法如下：

以最基本的觀念來說，「發明」就是第一次創造某個產品、或是公開某個程序；而「創新」就是對於現有的產品、程序、或是服務加以改進，或是做出顯著的貢獻。

所以我回答他，發明是第一次創造一種新的產品、技術或工藝，創新則是把發明形成一個新的產業。這是我個人的見解，沒有對錯的問題；重點在於，越是成功的「創新」，越能形成一種新的產業和產業鏈。

愛迪生發明了燈泡，但飛利浦和奇異創造了照明產業

一九九九年，美國高科技產品行銷策略專家傑佛瑞・摩爾（Geoffrey Moore）將他在一九九一年出版的書改版更新，推出了《跨越鴻溝》（Crossing the Chasm）這本書，內容主要是探討高科技產品在生命週期早期階段的行銷策略。他強調：

> 只有跨越了鴻溝階段，一個新技術或新產品才能繼續往成熟期的主流市場邁進，甚至進入「龍捲風暴」階段，形成一個新的產業。

那麼，要形成一個新的產業，是否一定要靠新技術或是新產品呢？在《跨越鴻溝》這本書裡面並沒有提到，如何將一個已經在成熟期、甚至衰退期的主流產品加以改變或改造、賦予新生命，讓它得以重回產品生命週期的誕生期，而且形成一個全新的產業。

最近經常在新聞上看到，台灣的優秀團隊參加國際發明或創業大賽，拿到很好的名次。遺憾的是，這些新的「發明」往往無法成功創造出一個新的產業，關鍵就在於「對

於目標市場的瞭解不夠」。

從技術角度出發的創新，往往不知不覺間變成閉門造車，叫好不叫座。

許多無法跨越鴻溝的新技術或新產品，為什麼只能叫好不叫座，默默淹沒在高科技的大海裡？我認為這些產品欠缺了對市場需求的準確回應，以致共鳴有限，過不了形成產業的門檻；唯有形成一個新的產業，才能稱得上是對市場有用的創新產品。

在本文裡，我試著從市場行銷的角度來舉例，說明開創一個新的產業並不需要靠「全新的技術」或是「全新的發明」，只要靠著「對目標市場用戶需求的敏銳度」，也可以把已經處於成熟期或衰退期的產品，拉回新產業或新產品的誕生期，創造出枯木逢春的效果。

如何找到對的產品方向？

一般而言，當一個產品類別進入生命週期的成熟期時，已經是標準底定，主流品牌也已經佔據市場，新進廠商很難爭取一席之地。產品競爭主要在「規格」、「價格」、

「逼格」*。以電子產品而言，規格主要掌握在半導體芯片和關鍵零組件廠商手中，逼格則主要來自材料和工業設計的差異。

當產品進入衰退期，就很容易形成小米所謂的「螞蟻市場」，也就是有許多小廠商，但沒有領導廠商。有趣的是，這種衰退期產業正是互聯網企業挾著創新生意模式，以「互聯網＋」進行顛覆的理想目標。

在我過去兩年輔導的四百多個創業團隊案例中，我發現大部分創業團隊的創業產品，都是在成熟期和衰退期的主流產品上增加小創意。這種產品免不了要面對主流產品、大品牌企業的無情競爭，因此成功的機會微乎其微。

我給這類創業團隊的建議，首先要縮小目標市場，不要做主流大眾市場。這麼做有三個原因：

一、避免和主流品牌的大企業直接競爭。

*編注：「逼格」為網路用語，通常指「在市場上營造的氣勢」，或是「留給人的強勢印象」。

二、萬一做成功了，剛剛量產時就很容易吸引百度、阿里巴巴、騰訊、小米、奇虎360等等各家互聯網巨頭，以低價殺入市場來跟你競爭。

三、小眾市場比較容易深度發現用戶的「共同需求」、「共同問題」、以及「未被提供的體驗」。這是不做大眾市場最主要的目的。

尚未被滿足的共同需求：索尼隨身聽

我用口頭詢問的方式做過許多調查：索尼（Sony）有史以來最成功的產品是什麼？九成以上的朋友會不假思索地回答：Walkman，也就是「隨身聽」。

一九八〇年第一台隨身聽誕生於索尼公司，從此標誌著便攜式音樂理念的誕生。而Walkman一詞也從此成為便攜式音樂播放器的代名詞。

一九八四年，索尼首創CD隨身聽；一九九二年推出MD隨身聽，並繼續在全球處於第一名的地位。直到二〇一〇年十月二十五日，索尼宣佈停止卡帶式隨身聽在日本的生產和銷售，才終結了該款史上最成功消費產品的三十年輝煌歷史。

隨身聽是索尼的會長（董事會主席）盛田昭夫所發明的，他一直希望能在飛機上聽到他最愛好的歌劇。隨後索尼也發現，有這種需求的人不在少數，尤其是在戶外運動的人，更需要一種可以隨身聽的音樂播放器，來消除運動時候的枯燥無聊；而這樣一個廣大消費者的共同需求，居然沒有任何廠商去滿足它。

隨身聽並沒有什麼驚天動地的新技術，也不是什麼橫空出世的新發明；甚至可以說，它僅僅是將家庭用的收錄音機小型化，並且賦予一個新的應用場景。最開始，隨身聽只是一種採用模擬錄音方式的磁帶裝置，由於技術的侷限，音質和數位媒介不能同日而語。它的成功，完全歸因於發現了一個廣大消費市場：「還沒有被滿足的共同需求」。

尚未被解決的共同問題：惠普的印表機

同樣的，在各種場合我都會問週遭的人：惠普有史以來最成功的產品是什麼？九成以上的人也都不約而同地說：雷射印表機或噴墨印表機。

雷射印表機是惠普在一九八五年推出的第一款「安靜的印表機」。由於價格比較高昂，於是在一九八六年，又推出了適合辦公室和家庭使用的噴墨印表機。在這兩款印表機問世之前，最為廣泛使用的是點陣式（Dot Matrix，也稱為「撞擊式」或「針式」）印表機。

故事是這麼說的：在八〇年代初期，美國惠普負責銀行的業務人員例行性地拜訪了客戶，在離開時經過銀行的大廳，被一位女行員攔了下來。這位行員質問，以惠普這麼大的一家公司，為何不能夠發明一款安靜的印表機？

原來這位行員的辦公桌就位於點陣式印表機的旁邊，每天上班時間都聽到非常嘈雜的列印聲音，總是搞得沒有辦法好好工作。

於是惠普的業務人員就忠實的把客戶的聲音帶回公司，向相關主管反映。惠普是一個非常重視客戶滿意度的企業，因此這個客戶回應引起了公司市場和研發部門的重視，於是在一九八五、八六年分別推出了暢銷至今的雷射印表機和噴墨印表機。

惠普印表機的成功關鍵，就在於他們**聆聽客戶的聲音，發現了一個過去沒有人試圖去解決的共同問題。**

順道一提，惠普雷射和噴墨印表機的成功也導致筆式繪圖機（Plotter）的消失，而後來繪圖機的技術又轉而應用到3D印表機的開發。

尚未被提供的體驗：蘋果的iPhone

我曾經在許多場合聽到有關蘋果iPhone成功因素的討論。大部分的人都認為是觸控技術，要不然就歸功於賈伯斯對產品完美的追求。我卻認為除此以外，還有其他關鍵。

觸控技術早在一九八〇年代、我還在惠普台灣工作時已經有了。當時惠普推出的一款桌上型電腦叫做「Butterfly」，這款桌上型電腦利用螢幕上下左右的LED光柵，提供了使用者在畫面上觸控的功能。

為了推廣帶有這項新觸控技術的桌上型電腦，惠普提出了一句標語：

手指能做的事情，就讓手指來做。（If fingers can do it, let fingers do it.）

這句令我印象深刻的廣告辭，說真的，讓消費者聯想到的不是桌上型電腦，更像是肯德基炸雞，直到今天仍然忘不掉。

結果Butterfly賣得並不好，這項觸控技術並沒有引起使用者太多的興趣。這是一個新技術無法跨越產品生命周期的鴻溝，因而導致失敗的典型案例。

在八〇年代初期，個人電腦才剛開始推出，桌上型電腦的定位就是辦公室的生產力工具，使用者大多是辦公室的白領，最有效率的輸入方式仍然是鍵盤。因此，這項在螢幕上面觸控的技術，可以說是多此一舉、又生不逢辰，所以就被迅速被淹沒和遺忘在科技的大海裡了。

iPhone為什麼那麼成功？

二〇〇七年一月九日的麥金塔世界展覽會（Macworld Expo）上，賈伯斯宣佈標榜高科技、外型炫、介面人性化的iPhone誕生。iPhone結合了三種產品：

一、創新的行動電話。
二、觸控式寬螢幕的iPod音樂播放機。
三、便利的行動上網功能。

當然，蘋果公司也開發了全新的觸控使用介面和創新的軟體，完全顛覆了過去行動電話的印象與商業模式。

讓我們先瞭解一下第一代iPhone開發時的時代背景。

進入二十一世紀，互聯網以飛快的速度席捲全球，普遍的上網方式都是經由桌上型或筆記型電腦。參照過去許多高科技產品的發展趨勢，例如固定電話發展成行動電話，桌上型電腦發展成筆記本電腦等等，都讓消費者認為固定的都會被移動的產品所取代。於是理所當然，互聯網的下一步就是「行動互聯網」。

在iPhone誕生之前，由於無線網路的頻寬不夠，導致網速很慢，筆記型電腦上網的最好方式仍然是利用區域網路（LAN）連線，所以不能夠真正地達到行動上網的期待，而手機則是大家公認行動上網的最好載體。

但是當時大部分的手機都是功能手機（Feature Phone），而且手機的工業設計風潮是走向小型化。手機再怎麼小，也不能小於耳朵到嘴巴的距離；為瞭解決這個問題，於是有了掀蓋和滑蓋手機的設計。

當時手機的設計思維，仍然離不開使用鍵盤作為輸入方式，因此在手機小型化和鍵盤空間排擠的限制下，手機螢幕越來越小，導致上網體驗非常糟糕。在消費者普遍期待行動上網來臨的巨大需求下，這樣的上網體驗仍然讓使用者無法接受。

在賈伯斯的要求下，iPhone設計的理念最主要是要大幅改善行動上網的體驗，因此設計團隊大膽地採用多點觸控的大螢幕，捨棄了鍵盤。

iPhone的成功，在於顛覆了當時手機設計的概念，大幅改善了消費者對行動上網的體驗。在技術上來講，大螢幕、多點觸控技術、捨棄鍵盤，目的都是為了「滿足人們對行動上網體驗」的要求。

驅動創新的引擎是市場，實現創新的手段是技術

以上三個例子，都是將已經處於成熟期或衰退期的產品，藉由發現新的用戶需求、痛點、體驗，然後成功的把這些產品改造，再帶到一個新產品生命周期的誕生期，再造出一個新的產業。

在這個過程當中，新技術仍然是重要的，因為新的產品類別需要新功能，而引用新的技術可以讓產品功能差異化。

以創新實力強大的蘋果為例，雖然沒有自己的工廠、製造完全外包，但是他們擁有強大的供應鏈隊伍，不是只做傳統供應鏈採購、物控、物流的事情而已。更重要的是，他們在全球各地搜尋新的技術、新的工藝、新的材料、新的製程，提供給自己的研發團隊，然後設計到下一代的新產品上。

在成熟期或衰退期的產品當中，要創造出枯木逢春的效果，必須要先從市場角度找到「還沒有被滿足的需求」、「還沒有被解決的問題」，以及「還沒有被提供的體驗」，然後找到新的技術、材料、工藝，加上產品定義和設計，創造一個全新的產品新類別。

07 亦競亦合：產品在各個生命週期中的競爭策略

在我輔導創業團隊的過程中，許多團隊經常問我，如何防止被山寨？如何和其他創業團隊競爭？

在回答這個問題之前，創業團隊首先要先做好自己的產品定位——究竟是屬於成熟期產品的微創新，或是在增長期的應用差異化產品，還是另外一個處於誕生期的新品類產品？

如果定位為成熟期的微創新產品，那麼只有競爭、別無他途。這時的主要競爭對手，其實不是其他小創業團隊，而是已經雄據市場的品牌大企業，或是虎視眈眈想進入智慧硬體市場的互聯網企業，如百度、阿里巴巴、騰訊、奇虎360、小米等等。

這時候唯一的策略，就是「順其折騰」了。

別讓「加法設計」自亂陣腳

這種產品定位的勝算非常小，但是我輔導的團隊卻又不知不覺掉入陷阱。原因無他，初創團隊信心不足，產品定位常用加法，不斷在產品上添加應用，心中期待的是「東方不亮西方亮」，希望用戶會因為不同的應用或多種應用，而買了自己的產品。

例如有幾個團隊做智慧汽車的HUD（抬頭顯示器），除了導航之外，又添加上網、微信、音樂播放、擴增實境（Augmented Reality, AR）……等功能。殊不知，這種加法產品除了增加成本、產品失焦之外，還會讓自己陷入與成熟期導航品牌和互聯網企業的競爭。

小蝦米選擇挑戰大鯨魚，又挑大鯨魚的主場作戰，除了「順其折騰」之外，還可以做什麼？

聰明一點的初創團隊，會挑一個比較保險和看好的增長期產品，然後開發些垂直應用，縮小目標用戶市場，進行差異化。例如在日漸增長的無人飛機、飛行器、虛擬實境（Virtual Reality, VR）、擴增實境等產品領域，做差異化應用。

這種策略叫做「**節外生枝**」。

而最聰明的戰略，當然就是在成熟期產品上，做垂直市場差異化應用的創新，高度滿足縮小的目標市場用戶需求，並且在市場行銷上可以定位為「誕生期」的新品類。

這種做法，其實就是一種破壞式創新或傳統產業顛覆。選擇成熟期產品或是市場，是因為這種產品肯定是「剛需」（剛性需求），而不是「可有可無」（nice to have）的產品；然後以新技術和新的工業設計，賦予產品新的生命，創造一個誕生期的新產品品類。

這種策略就是「**另起爐灶**」。例如智慧型家居設備製造商耐思得（Nest）和以電動汽車聞名的特斯拉（Tesla）等等，走的就是這個方向。

產品的生命階段

先前講的是下面文章的背景和產品定位策略，接著則要說明延伸下去的競合策略。

一個產品從誕生，到成長、成熟、消退，這個生命週期又長又短。

你不是一個人在奮鬥。在每個階段你都可能遇到競爭對手或是合作夥伴。是競爭，還是合作？這是我給創業夥伴們提的一些建議：

當產品和競爭對手基本上不是同一個等級的時候，必須清楚定義產品是在生命週期中的哪一個階段，從而選擇競爭、合作、或者以另闢戰場的方式來因應。

●誕生期

當產品處在誕生期時，策略以合作為上。

技術成熟曲線

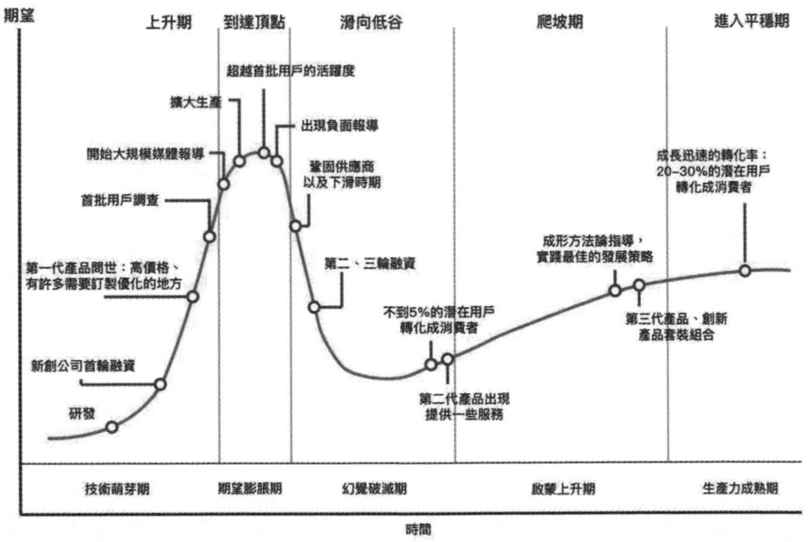

資料來源：2011年 Gartner 技術成熟曲線報告，並由 ifanr 、火箭科技評論翻譯與重繪。

因為我們需要聯合競爭對手共同推廣產品，以增加產品在消費者心中的認知度。會在誕生期就開始追求產品的，通常是發燒友，而吸引他們的往往是創新、技術、功能、速度，並不在價格。這時需要以產品研發單位主導戰略，強調用戶體驗。

例如電動汽車品牌特斯拉宣佈開放自身四百項專利技術，與競爭對手共同開拓市場，就是一個很好的例證。大家都知道，汽車業屬於典型的傳統產業，成熟期非常長，但由於近年來全球環保意識普及、高油價，汽車行業其實正在緩慢進入衰退期。

在這個基礎上，傳統汽車變得非常封閉保守，不再歡迎新供應商，也不接受創新。但即使是正在衰退期的傳統汽車，要撼動其地位也並非易事，畢竟汽車業的發展不是一朝一夕，更存在著大量的技術壁壘。

在特斯拉之前犧牲的烈士也不在少數，而開放專利技術其實正是特斯拉吸取前者的教訓，而採用的一種合作策略。它跟同樣製造智慧電動車的「同行」不該是競爭關係，而是合作，以便共同對抗傳統汽車業，以及傳統的消費者使用習慣和體驗。

如此一來，就能迅速推進智慧電動汽車在大眾心目中的認知度，以及對整個市場的開拓。

●快速成長期

但如果是已經進入快速成長期的產品，就應該採用「亦競亦合」的策略。

這個階段的產品特色是競爭。因為天下未定，所以沒有壟斷的品牌、沒有統一的標準；百花齊放、百鳥齊鳴，機海戰術流行，每個產品都瞄準不同的目標市場。

這時應該以市場行銷部門主導策略，要強調能夠滿足目標市場用戶的需求，並解決目標市場用戶的痛點。

●成熟期／衰退期

如果產品已經進入成熟期或衰退期，這個階段的產品只有比較規格、價格和外觀設計，那麼和對手只能是競爭關係。

蘋果在這方面的定位就非常明確，因為智慧手機早已進入產品品類成熟期；從市面上手機品牌的廣告不難看出，在規格、價格、以及外觀設計上競爭的比比皆是。

產品在這個週期之中，比較典型的就是依靠專利戰來奠定產品的競爭防守策略。所以相對於新興的特斯拉，蘋果採用的則是完全相反的專利保護政策。

值得注意的是，已經處於衰退階段的產品，在努力競爭的同時，更重要的應該是盡快脫離糾纏、另闢戰場。

●另闢戰場

在眾多的產品功能中，應該集中火力在強調創新，以及別人沒有的特色功能上，為產品塑造出一個新級距的形象，將戰場拉到一個新品類的誕生期。

許多企業和團隊經常犯的錯，就是在此時仍然與競爭對手產品糾纏，強調功能相同、但比競爭對手優越。產品競爭策略強調了許多功能，但反而模糊了自己的特色，甚至暴露出產品由於擁有許多消費者未必需要的功能，因而價格過於昂貴的競爭劣勢。

08 「創新」與「創業」：單項金牌與十項全能的差異

這兩天，微信朋友圈都被在深圳舉辦的「全國雙創週」活動刷屏了；這個活動的全名是：「二〇一六年全國大眾創業萬眾創新活動週暨第二屆深圳國際創客週」。

所謂「雙創」，指的就是「創業」和「創新」。兩者經常被相提並論，卻是完全不同的兩回事。

西方人重創新？

先說說創新吧，其實東方人和西方人在創意方面，是不相上下；但是西方人（尤其是美國人）特別喜歡動手做，因此在高科技創新的浪潮上，一直是由美國引領風潮。

二〇一三年九月，我到美國舊金山和矽谷，接連拜訪了幾個創客空間和創客的初創企業。在舊金山的一個創客空間裡，我看到牆上貼了一張紙條；有意思的是，下面擺了個垃圾桶。紙條上面是這麼寫的：

把你的創意丟進垃圾桶！（Throw your idea into this garbage tank！）

為何要把創意丟進垃圾桶？因為，**不採取行動去實現的創意，就只能當垃圾了**。

這讓我想起了九〇年代，我在美國惠普總部時看到一個有趣的告示牌。惠普總部有一個特別大的電腦機房，數十台大型電腦一字排開，宛如閱兵一樣，非常壯觀，向來是訪客參觀的重點。一個中國式的大算盤，非常醒目地掛在機房正面的牆上，旁邊有個大牌子寫著「僅限於緊急狀況下使用」（Emergency Use Only）。這個美式幽默的意思是，當真停電了，也就只能自己動手用中國老算盤了。

沒錯，算盤是古代中國人發明的手動計算器，用了幾千年。可是二十世紀的美國人卻利用高科技發明了計算機和電腦，帶領全球進入ＩＴ時代。

華人更會創業？

成功的創業不見得需要特別創新的頭腦，但絕對需要一個會做生意的腦袋，和一顆想當老闆的旺盛企圖心。西方世界的猶太人和東方世界的華人，都是很會做生意、又很喜歡當老闆的民族。台灣的中小企業、大陸改革開放後的民營企業，以及東南亞國家被當地華人企業掌握經濟命脈等現況，都是最好的證明。這也解釋了為什麼過去東南亞國家每隔幾年就排華，因為華人實在太會做生意了！

「寧為雞首，不為牛後」，說的是華人喜歡創業、自己當老闆。華人創業的方法如出一轍，一般都是先找個好師父、拜師入門當學徒；等學得一身好手藝，就學成出師自立門戶，有時還免不了回過頭來和師父競爭。

當師父的怎麼辦？一身功夫需要傳下去，但是怎麼避免徒弟和自己競爭？免不了傳授過程當中必須留一手，於是就有了「祖傳秘方」、「傳子不傳女」等等的規矩。

中國人發明了算盤，美國人發明了電腦，如今ＩＢＭ的個人電腦事業被聯想併購了。美國人發明了電視機，過去稱霸全球的美國無線電（RCA）、增你智（Zenith）等美國電視機品牌，都被中國品牌TCL、創維、長虹，以及韓國品牌三星與日本品牌索尼、夏普等所取代。

看來西方人更會創新，東方人更會創業？倒也未必，但是一旦創新產品進入成熟期，會經營的東方企業就壓過了西方的創新企業。歷史不斷的重覆著，誰強誰弱？很難講。進入二十世紀以後，東西方在創新創業的情況又更加複雜了。

完美的開端，慘烈的失敗

《富比士》（Forbes）網站日前發表文章，介紹了美國無人機公司「三維機器人」（3D Robotics）失敗的前因後果，引起了極大的關注。不到兩年之前，這家公司的前景還一片光明，但現在它已經徹底退出了無人機製造領域，在與中國無人機廠商「大疆創新」的競爭中敗下陣來，淪為一家掙扎求生的軟體公司。

三維機器人是克里斯．安德森（Chris Anderson）和霍爾迪．穆尼奧斯（Jordi Muñoz）在二〇〇九年一起創辦的。穆尼奧斯是個年輕的墨西哥移民，當時才二十歲的他在等待美國綠卡之際，在加州自家的車庫裡玩遙控直升機，同時利用電腦遊戲主機的遙控器造了一架無人機，是個標準的創客。

而克里斯．安德森是《連線》（Wired）雜誌的前主編，也是紐約時報暢銷書《長尾理論》的作者。如果你要在創客界選一個最具代表性的人物，那個人非安德森莫屬。他除了在二〇〇六年提出著名的長尾理論，之後又陸續提出免費模式和創客時代等重大時代趨勢。他的幾本著作：《長尾理論》、《免費！揭開零定價的獲利秘密》、《創客時代：啟動人人製造的第三次工業革命》，幾乎被創客和互聯網創業者視為教科書。

公司成立之初，穆尼奧斯負責經營公司的業務，出售自製無人機的套件和自動駕駛儀的電路板。起初這對安德森只是個副業，直到二〇一二年十一月在看好無人機市場前景，並且獲得了一輪五百萬美元的風險投資之後，他辭去了《連線》雜誌編輯的工作，全心投入擔任全職執行長。

在二〇一五年年初，三維機器人是北美最大的消費級無人機製造商；在鼎盛時期，三維機器人曾在舊金山灣區、加州聖地牙哥、德州奧斯汀、和墨西哥蒂瓦納設有辦事處，共有員工三百五十餘人；高通風投、英國富豪兼維京集團執行長理查．布蘭森（Richard Branson）以及真實冒險風投（True Ventures）等投資者，給該公司的估值是三．六億美元。

年輕創客和科技趨勢作家的完美組合，切入充滿希望的創新產業無人機領域，再加上華麗的初創融資，為什麼竟以失敗告終？我們接著看下去。

數位香味，燒錢的氣味

這一條大新聞勾起了我的回憶。我人生的第一次天使投資，就投資在一家能夠透過互聯網傳氣味的公司「數位香味」（Digiscents）上。

一九九九年中，透過新加坡的一位天使投資人介紹，我接觸到了這家由德斯特．史密斯（Dexster Smith）和約珥．貝倫森（Joel Bellenson）兩位化工背景的創始人，在一九九九年初成立於美國加州奧克蘭的數位香味公司。

他們兩位擁有將所有氣味分解為一百二十八個基本化學元素的技術和專利，並且設計了一個稱為「香味合成器」（iSmell）的盒子裝置，可以透過ＵＳＢ連結在電腦上。

他們宣稱，全世界的氣味可以由這些基本化學元素來組合產生，並且透過網路傳送。

其實透過網路的電子郵件或軟體下載所傳送的是一個「數位氣味配方」，這個配方會驅動在接收端用戶的香味合成器內存的化學元素作用，產生要傳遞的氣味。這有點像是惠普印表機的商業模式，數位香味公司的主要獲利來自於必須重複購買消耗品，也就是內置於香味合成器的化學原料盒子。

它能夠讓上網的用戶，透過互聯網體驗到了視頻、聲音、再加上氣味。它的目標客戶群，包含了香水、餐廳、食品、電腦遊戲等廠商。

在短短的幾個月當中，它就募集到了兩千萬美元的投資；投資者包括當時美國最大的香水公司奇華頓（Givaudan），以及美國最大的串流音樂服務公司（RealNetworks），後者更讓一億三千萬RealPlayer的用戶會自動下載數位香味的應用程式。

另外一個重量級的投資者兼合作伙伴，是香港首富李嘉誠的幼子李澤楷成立的電訊盈科。透過電訊盈科的龐大互聯網互動電視網路NOW，可以提供服務給亞太地區的所有用戶。

數位香味還跟寶鹼（Procter & Gamble）和eCandy.com達成投資合作協議，另外有一千七百個軟體應用開發者訂購了數位香味在二〇〇〇年三月發佈的軟體開發工具。

當時這樣的一個獨角獸公司，結局竟然是在二〇〇一年年底宣告倒閉。倒閉的原因眾說紛紜。我在這裡和大家分享我的親身經歷和看法。

會創新不代表會創業

二〇〇〇年初，這兩位創辦人接了不少訂單，於是到了台灣和大陸來找香味合成器的代工廠。作為數位香味的一個小天使投資人和德州儀器亞太區總裁，我當然義不容辭地提供協助。

令我印象深刻的是，這兩位初創公司創辦人，搭飛機一定是頭等艙，住的是五星級酒店，花錢如流水，毫不節制。加上公司組織又迅速擴張到兩百人規模，所以不到兩年功夫，兩千萬美元燒得一乾二淨。後來網上有許多評論文章，說這家公司無法踏實地經營創新，讓人真正聞到的只有「燒錢的氣味」。

二〇〇一年初在拉斯維加斯舉行的消費電子展（Consumer Electronics Show, CES），數位香味展出了香味合成器的樣機，但是並未引起市場關注。產品評論不佳，又碰上二〇〇〇年的網路泡沫化，原來的股東也不願意再冒險投資這家前景不看好的公司。

於是數位香味在二〇〇一年底不幸宣告倒閉，結束短短的兩年多創業生命。

我對數位香味的結論是，會創新不見得會創業、會研發技術不見得會管理企業；再加上運氣不好，恰巧碰上網路泡沫化的一年，只有含恨失敗告終。

先會創業，再會創新

我在過去三年的時間裡，輔導了超過四百家以上的初創公司，大部分都是在智慧硬體領域的創業團隊；九成五以上的項目，都是以失敗告終。

我曾經說過，目前大陸的創業環境是「錢比人多，人比項目多」；也就是說，各種投資基金比創業的人還要多，而創業的人又比產品項目多。但大部分智慧硬體的創業產品都是一窩蜂，**沒有真正的差異化，更談不上真正的創新**。

現在，在「大眾創業、萬眾創新」的號召下，連大學裡面也都在搞創業創新育成中心。想想看，這些在學的學生，或是剛畢業年紀輕輕、沒有什麼工作經驗的創業者，基本上對「做生意」沒什麼概念。就算有些創新點子，卻不知如何落實；即使落實出了產品，又不知如何經營。創業能夠不失敗的，真的是鳳毛麟角。

在中國大陸改革開放以後，許多民營企業興起，絕大部分是會做生意並且抓住商機的創業家。創業時機大好，即使無關創新也可以成功。

更靠近的例子，是在互聯網迅速發展的機會裡，誕生了ＢＡＴ（百度、阿里巴巴、騰訊三家的簡稱）、奇虎360、小米等高科技企業，也都是先創業，再不斷翻新產品服務、以創新維持優勢的例子。

我以深圳市大疆創新科技公司（大疆創新，目前世界上最大的消費者無人機製造商）的傳奇般創業故事，做為佐證的實例。

大疆無人機的創業故事

出生於杭州的汪滔，二〇〇三年從上海華東師範大學退學，到香港科技大學讀電子與計算機工程學系。二〇〇六年，汪滔在香港科技大學畢業後繼續攻讀研究所。在此同時，他和一起做研究的兩位同學創立大疆，汪滔將他在大學獲得的獎學金的剩餘部分，全部拿出來研發生產航模直升機的飛行控制系統。

公司最初只有五、六個人，在深圳的民房辦公。因為辦公環境簡陋，他們無法招到特別優秀的人，就連一起創業的兩位同學，在歷經兩年的艱難期後也相繼離開。

但汪滔沒有放棄，他研發的第一款成熟航模直升機飛行控制系統「XP三．一」，終於在二〇〇八年問世。二〇一〇年，大疆每月的銷售額已經達到人民幣數十萬元；也正是在這一年，香港科技大學向汪滔團隊投資了兩百萬人民幣。

到了這個時候，汪滔可以說已經創業成功，大疆可以存活下去了。

原來汪滔只希望能夠養活一個一、二十人的團隊就好，但是他漸漸發現，這個行業市場前景很寬闊。當時多軸無人機已經興起，大疆在紐西蘭的一位代理商告訴汪滔，他每個月售出兩百多個雲台（安裝、固定攝影機的支撐設備），九十%的購買者會將雲台懸掛到多軸無人機上。相較之下，這位代理商每月只能售出幾十個航模直升機飛行控制系統，說明多軸無人機市場比航模直升機市場大得多。

汪滔很快就把在航模直升機上積累的技術，運用到多軸無人機上，並且迅速打響口碑，市場占有率在一年後就達到了五十%以上。

二〇一四年，大疆售出了大約四十萬架無人機；許多是其主力機型「大疆精靈」（Phantom）系列。二〇一五年的銷售收入突破十億美元，相比二〇一四年的五億美元增長一倍。

知情人士透露，大疆的利潤已經達到一．二億美元；在二〇〇九年和二〇一四年間，大疆的銷售額以每年兩到三倍的速度增長。

目前與大疆科技有可比性的上市公司有三家，分別是：

一、宇航環境（Aerovironment），給美國軍隊提供固定式機翼的無人機公司。

二、GoPro，世界知名的運動攝影機公司，大疆早期無人機曾搭載GoPro鏡頭。

三、派諾特（Parrot），世界玩具型無人機製造商（在蘋果專賣店裡銷售的無人機）。

投資機構認為大疆科技可能在二〇一七年上市，當前估值為一百二十億美元，並不算高，只相當於二〇一六年市盈率的二十八倍、預估的二〇一七年十九．二倍市盈率，仍然遠低於一百八十二倍和五十一倍的同等級公司平均值水準。

官網資料顯示，大疆科技的產品已被廣泛用於航拍、電影、農業、地產、新聞、消防、救援、能源、遙感測繪、野生動物保護等領域，並不斷融入新的行業應用。

許多中國大陸民營企業已經進入全球五百強，雖說生逢其時，碰上了改革開放的大好機會，但是西方企業競爭對手仍然將這些民營企業的成功，歸因於中國政府的資助和保護。

但最近有許多美國媒體評論認為，美國互聯網企業應該向中國的ＢＡＴ學習，因為中國大陸互聯網企業的創新已經領先美國。大疆創新有別於中國大陸互聯網企業，在沒有政府資助和保護的情況下，幾乎和三維機器人在同一起跑線出發，卻徹底打敗了美國競爭對手。

「單項金牌」與「十項全能」

「創新」成功有的是技術與產品突出，有的是生意模式突破，取得領先優勢，好比奧運單項競賽的金牌。

「創業」成功則必須要產品、製造、銷售、管理四大搭配齊全，好比奧運十項全能的金牌，即使不是每一項都最強，總不能有一項太弱。

成功的「創新」產品，不等同於成功的「創業」；必須其他互補的功能（製造、銷售、管理）也都達到水準以上，四腳協調併進，才能讓「創新」的成果發揮作用，變成成功的「創業」。

畢竟，獨角獸也得有四隻腳，否則「獨角獸」變成了「獨腳獸」，如何存活？

二十一世紀的互聯網和物聯網時代，或許東、西方企業在「創新」和「創業」的競爭優勢，已經悄悄地改變了。政府、投資機構、準備創業的人，能不注意嗎？

09「團隊」和「組織」：新創企業的第一個成敗關鍵

「Terry and Friends」（簡稱T＆F）是筆者和深圳灣創辦人共同創立、以微信群為基礎的創客創業社群。從二〇一四年八月發展至今，T＆F已經有五十個微信群、接近一萬個會員；會員大部分是規模在十人以下的創業團隊，也有部份是稍具規模的百人以下的小型企業、和數百人的中型企業。

只要會員們向深圳灣網站或T＆F臉書粉絲專頁提出輔導申請，我們都會安排九十分鐘的線下、一對一、面對面的團隊輔導。對於中小型企業或是創二代尋求轉型輔導，我們也可能登門拜訪、考察工廠，這就可能花上半天的時間。

由於T＆F的創業輔導秉持不收費、不投資的公益服務原則，因此吸引了許多創業團隊和企業申請輔導；主要集中在廣東珠三角地區，其次是台灣、大陸一／二線城市，更有遠自歐美、新加坡、馬來西亞的團隊，特地飛到台北或深圳來接受輔導。

兩年來，我已經輔導過接近五百個創業團隊和中小型企業。老實說，初創團隊失敗的居多，即使存活下來的，也多是小打小鬧、叫好不叫座。能夠達到百人或以上規模的，基本上都可以存活下去，卻又要面臨管理上更大的挑戰。

創業團隊失敗的原因有很多，任何一個都可能會致命；但是在智慧硬體領域創業的，不像互聯網創業需要靠燒大錢，就算失敗了也僅是賠上一些模具和庫存，比較容易東山再起。因此，在智慧硬體領域有很多「連續創業者」；即使成功存活下來並且達到百人規模以上的企業，前面也大都經過幾次失敗。

新創企業的共同問題：創始團隊

新創團隊失敗的原因很多，大部分是「產品」不對；但是我今天想談談共同的問題：「團隊」和「組織」。

智慧硬體領域的初創團隊，大部分是搞技術的小伙伴，同質性高、有幾年工作經驗、是同學同事或朋友，一個發起、再找幾個人就成軍；有的下班後分頭開發，有的自己籌點資金就全職下海來幹。這些小伙伴的熱情和膽識令人欽佩；我給他們的建議，除了個別的產品技術問題之外，有關團隊部分在這裡總結分享。

智慧硬體創業團隊需要幾個基本角色；依個人經驗和能力，也可以一人擔任多角。

一、**領袖（Leader）**：團隊的領導者，通常是拍板定案做決定的人，最好也兼產品經理的角色來定義產品；必須要持股過半，或是能夠控股。

二、**駭客（Hacker）**：這裡泛指軟體開發工程師；未必專精或是深入，但是必須瞭解ＡＰＰ、雲端運算、應用軟體、大數據等等的開發與系統整合。

三、**製造者（Maker）**：硬體設計開發工程師，通常指ＥＥ（電子方案），包括印刷電路板設計、ＲＦ天線、音視頻、嵌入式處理器等等。

四、**設計者（Designer）**：產品外觀和機構件相關的工業設計工程師。要懂得模具、機械結構、材料、外觀設計等等。

五、**中介者（Hustler）**：市場調研、業務發展、目標市場、銷售組織、線上線下通路佈建和管理等等。

這五個角色是最基本的團隊配備；當進入小批量生產階段時，就要增加懂得供應鏈和生產製造的團隊成員。供應鏈部分包含物控、採購、倉管、物流，四大功能；生產製造則要看生管、品管、經管、新產品導入（NPI）等等。

以上都還是主要流程的功能部門，如果組織繼續發展擴大，那麼支持功能部門也會陸續增加，包括法務、財務、人資、行政等等。

創始團隊的組成：長板、短板、「三補一同」

就業玩的是你的「長板」，創業玩的是你的「短板」。怎麼說呢？

當我們到一個大企業去求職時，大企業之所以雇用你，是看上了你的「長板」，也就是你的長處和優點。但是如果你自己創業的話，你就必須很清楚的瞭解自己的「短板」是什麼，然後尋找能夠補充你弱點的創始團隊成員。

尋找創始團隊成員時，必須要注意三個互補、和一個共同點。

一、**技能或功能互補：**如果你是一個技術型的工程師，那麼你就要去找市場行銷、生產製造、工業設計等等背景和專業的團隊成員。

二、**個性互補：**如果你的個性是非常保守、重視細節、懂得計劃、謹慎小心的人，那麼你可能需要去找能夠大開大闔、衝鋒陷陣、有宏觀有高度，有策略有願景的團隊成員；注意團隊的組成，避免同質化、一言堂的情況出現。

三、**資源互補：**團隊成員裡面應該帶來不同的資源，有的帶來政府人脈、有的帶來海外通路、有的帶來資金、有的帶來供應鏈和工廠的資源。

以上三個互補和差異化固然重要，但是更重要的是，創始團隊成員必須要有相同的價值觀和願景。

創始團隊在初創階段共患難比較容易，因為大家都一無所有，希望藉此打出一片天地，但是共富貴就難了。如果沒有相同的價值觀和願景，當創業稍微有點成果，團隊成員們就各有打算，目標不一致，團隊就很容易走向分裂。

10 新創企業的成敗關鍵——團隊篇

通常團隊形成之前，必定有自己的創意、想法、技術、產品和方向。創業團隊組成之後，依據團隊成員的技能、經驗和資源，就形成了團隊的核心能力（Core Competencies）。

這時不必急著把產品樣機做出來，也不必急著招兵買馬發展組織。首要任務是使用市場區隔（Market Segmentation）的方法找出目標市場，並決定「客戶」和「用戶」兩個群體，然後深入瞭解客戶和用戶尚未被滿足的共同需求、尚未被解決的相同痛點，或是沒有人提供的獨特體驗。

客戶和用戶的區別，在於客戶願意花錢買你的產品或服務為他們創造的價值；而用戶則是使用你產品或服務的人，但是未必會（或需要）花錢在你的產品或服務上。

願意花錢買你的產品與價值，才是真正的「客戶」。

當你深入瞭解客戶或用戶的需求之後，你的產品和服務的定義才會清晰明確；這個時候，你才能確定你要雇用的人，應該具有什麼樣的專長和經驗。

小而美，瞄準核心競爭力

在筆者過去輔導團隊的許多案例當中，初創團隊多半不是按照這樣的邏輯來設計組織架構和招聘人才；他們多半是依照一般公司的組織架構，由創始團隊成員擔任部門主管，自己去招聘，然後野蠻生長、不斷擴大。

在輔導團隊時，筆者幾乎都毫不例外地強調，初創企業必須要維持「輕資產」；也就是減少固定資產、庫存、應收帳款，更重要的是保持一個「小而美」的組織。寶貴的資源和人才，必須投資在增強和累積自己的「核心競爭力」上；凡是跟「核心競爭力」無關的工作和職位，都應該選擇外包或是購買。

在人員的招聘上面，我強調要雇用「超出規格」（over qualified）的人才，不要為了省錢而雇用沒有經驗、或是「不符規格」（under qualified）的人。我**寧願因為留不住超**

出規格的員工而傷心，也不願意組織充斥著不符規格、卻又不願意離開的員工。

有的初創團隊取得融資以後，迷信外商公司高大上*的頭銜和管理經驗，因此花大錢去找來只能夠動口、但卻不能動手的人，這種人並不是我說的那種「超出規格」的人。初創企業應該找的是有經驗，而且能力和意願都強的人。

大部分初創團隊都會意識到，必須控制人員成本，因此僱用大學剛畢業、或是沒有什麼經驗的員工；但這樣反而造成「沒有員額控制」（no headcount control）、組織膨脹太快、工作效率低落、團隊合作不順，因而必須花大量的時間在管理上，以致產品開發及推廣進度落後。更糟的是創業資金迅速耗盡，最後以失敗告終。

雇用一個人的成本

雇用一個人的成本，並不是只有這個人的薪資和福利，還要包含因為這個人而產生的所有費用和分攤。我們在計算一**個人的有形成本，往往是他的薪資和福利乘上二・五倍到三倍。**

此外，無形成本更是難以計算。因為一個員工在工作的時候，一定會消耗公司的資源。例如在會議當中的發言，就佔用了所有參與會議人員的時間來傾聽；當他發送郵件或文件的時候，必定佔用了公司相關人員的時間去閱讀和瞭解。

如果公司的組織架構設計不當，增加了非核心競爭力的職位，卻又雇用到一位積極進取、努力表現的優秀人才。當他越努力做事，他耗用的資源就越多，而得到的成果，反而和公司成功關係不大，這時公司浪費的人力成本又有多大？

組織的特性

組織並不是一個簡單的金字塔架構，也不是畫在紙上或掛在牆上的一張圖表。組織是一個有機體。組織是活的，它有以下的一些特點，但是很少人會注意到：

＊編注：「高大上」原為大陸電視劇台詞，全稱為「高端大氣上檔次」，常用來形容有品味格調，或做為反諷。

一、在你不注意的時候，組織會悄悄的長大

因為企業的管理階層，往往以營業額和部門人數等「工作規模」（job scope）來做為職銜的判斷和依據；因此部門主管往往放任人員擴增，不積極管控。

二、組織有鏡子效應（Mirror Effect）

在金字塔的最基層，都是實務工作發生的地方，因此會雇用各種工作執行者（Doer）；這些工作執行者必須要有人來管理，因此就產生了管理階層。

而一個越是跨國性的大企業，在國家、地區等不同階層的管理總部，就會產生有「鏡子效應」的管理組織圖。台語諺語說「上司管下司，鋤頭管畚箕」，就是最好的寫照。

三、組織是個黑洞

不管你投入再多的資源和人力，每個部門仍然可以忙到加班，但是產出卻未必會等比例增加；有些時候，效力和效率反而降低。這就是為什麼「三個和尚挑水沒水喝」。

因此，我非常喜歡、而且相信「減員增效」這四個字。

四、組織越龐大，越會存在「白色空間」（White Spaces）

「白色空間」就是三不管地帶。現代企業的組織，不管是「功能型組織」（Functional Organization）、「事業部組織」（Divisional Organization）、「混合型組織」（Hybrid Organization），或是互聯網時代流行的「網狀組織」（Network/Web Organization）等等，只要存在著「職、權、責」（Responsibility, Authority, Accountability）分離的現象，就會產生三不管的「白色空間」，越發促成「爭功諉過」的文化。

五、組織對於任何改變，不管是好的還是壞的，都會抗拒

成也是人，敗也是人。任何組織都會有不願意接受改變的人，也有既得利益者；組織越龐大，這兩種人就越多。

在線庫存（Work in Process Inventory）之於生產線，和冗員對組織造成的傷害，兩者是一樣的。生產線上的管理問題，都被在線庫存所遮掩住，所以問題無法被發現、更無法被改善。

同樣的，組織的效率（Efficiency）和效力（Effectiveness）問題也被冗員遮蓋住了，所以組織的戰鬥力無法被提升。

組織診斷之必要

競爭環境（Situation）、策略（Strategy）、以及組織架構（Structure）這三者的關聯密不可分。競爭環境改變，導致企業策略改變；如果組織架構不依照新的策略改變，以便清除障礙以利改變，往往就形成「上有政策，下有對策」的現象，結果令不出門，策略無疾而終。

幾個月前，我跟台灣一個大企業集團的董事長見面。他感嘆說，他的集團是台灣唯一擁有「金控」和「電信運營商」的集團，但是他們的行動金融或時下流行的金融科技（Fintech）卻推不動、也做不大；落後大陸也就罷了，連在台灣都落後競爭對手。

我可以體會他的心情，他的集團組織能夠體會他的心情嗎？

台灣政府已經三輪「政黨輪替」了，藍綠也都有過「完全執政」。以一個企業經營的觀點來看，這個「企業」擁有行政、立法、國營事業的壟斷市場地位，卻年年虧損，負債不斷擴大，導致「員工」退休基金面臨破產的危機。

是否這些「企業經營者」，都需要從根本上來做個「組織診斷」？

11 新創企業的成敗關鍵——組織篇

作為一個服務於跨國企業的專業經理人，如同一顆棋子，只能任由大老闆決定該放到什麼位置。

我在鴻海的五年當中，服務過四個事業群、並且參與過二〇一〇年中的「墜樓事件」危機處理；其中最具挑戰性的，應該是最後一個任務：擔任香港上市公司富智康的營運長（COO）。

富智康（Foxconn International Holdings）原來是鴻海集團內部一個專門代工生產手機的事業群，內部名稱是WLBG（Wireless Business Group，無線事業群）。

由於時逢手機需求爆發，業務發展快速，需要更多的資源和產能，因此富智康於二〇〇五年二月在香港上市。

從竄升到滑落的富智康

富智康延襲鴻海一貫的「抓大放小」策略，聚焦在全球手機前三大品牌客戶：摩托羅拉、諾基亞以及愛立信。營業收入從二〇〇三年的十．九億美元開始爆發，二〇〇四年三十三億，二〇〇五年六十三．六億，二〇〇六年一百零三．八億；二〇〇七年攀上營收最高紀錄的一百零七．三億美元。

在營收頂峰的二〇〇七年，富智康的毛利有九．八四億美元，稅後淨利達到七．二五億美元，年底有員工十二萬三千九百一十七人。

由於蘋果iPhone的銷售高速成長，從高階市場擠壓這ＭＥＮ（指Motorola、Ericsson、Nokia）三大手機品牌，再加上中國大陸的山寨手機銷售量也高速增長，從低端市場侵蝕。上下夾擊的結果，富智康的營收不得不隨著ＭＥＮ的衰落轉而下滑。

到了二〇一〇年，營收降低到六十六．二億；毛利二．八億，虧了二．二億美元。截止年底的員工人數，則是十二萬六千六百八十七人。

二〇一〇年十月，「墜樓事件」的危機處理告一段落。郭董事長指示我到富智康擔任營運長，一年之內要扭轉情勢、轉虧為盈。這又是一個專業經理人必須接受的危機處理任務。和富智康沒有淵源的我，只能從財務報表開始，漸漸瞭解當時的經營狀況。

從以上的財務數據（都來自香港上市公司的公開資訊），可以很容易看到主要問題：二〇〇七年到二〇一〇年，營收減少四十一億美元，毛利率從九．二％降低到四．三％，但是銷管研費用卻增加了四十二．七％，而且員工總人數不減反增，多了兩千七百七十人。

拯救富智康大作戰

首先，我要先解釋一下製造業的特點：產能的增加需要時間；例如取得土地、建廠、訂購設備、招聘和訓練作業員等等，都需要耗費大量的前置作業時間。而富智康從二〇〇三年開始，產能一直處於供不應求的狀況，每年都需要增加二、三十億的產能；在二〇〇六年一年之內，更是增加了四十億美元。

當一個企業多年處於這種供不應求、高速成長的情況下，碰到二〇〇七年營收只成長三．四％時，很容易就會認為這是個短暫現象；因此所有已經規劃的產能增加作業都繼續進行，以免景氣一回溫，又被客戶訂單追著跑。

二〇〇八年時全球金融危機，營收從一百零七．三億下滑十三．六％，掉到九十二．七億美元，其實傷害並不是很大，所以富智康對客戶仍然有信心。到了二〇〇九年，營收繼續下跌二十二％，降到七十二億，稅後淨利剩下三千九百萬美元時，雖然對產能擴充已經踩了煞車，但負擔已經變大，才會有後來二〇一〇年的巨額虧損。

分析之後，我決定多管齊下，包括關閉虧損的海外工廠、變賣閒置設備、清理呆滯材料和庫存、擬定更積極的報價策略、開發新客戶、提高產能稼動率、提高產品良率等等。但是最大的挑戰，仍在於組織精簡、以及人均產值的提升。

企業組織的設計與控管

我在上一篇文章〈新創企業的成敗關鍵——團隊篇〉中談到，企業組織的設計和控管非常重要。在此，我就以富智康的經營危機處理當作案例，來和大家分享。

我多次提到「組織是活的」，它會抗拒一切的改變。富智康是才剛經過輝煌時期的王國，戰將如雲；為了使組織變革順利進行，我成立了一個「組織變革委員會」（Change Agent Task Force），由每個營業單位（BU）推舉具有影響力的資深員工或主管為代表，挑選十位主管共同推動變革活動，加入「組織變革委員會」。

這些代表就是組織變革的「變革推動者」（Change Agent），他們不僅僅參與會議討論，而且負責將會議紀錄和行動綱要帶回各部門，並進行溝通協調。

「組織變革委員會」是用來定調改革的步伐。每週一、四固定會議討論特定議題，初步達成以下的組織架構調整（reengineering）共識：

一、由原來客戶區分的組織架構，改為以產品製程區分

二、訂定組織劃分原則

● 績效的相依程度：A的績效明顯受到B的績效影響，則最好把A和B放在一個利潤中心下面，以承擔共同結果；如果績效是可以明確分開的，就不必放在一起。

● 流程介面明確程度：工作流程的介面非常明確的，怎麼放都可以；介面不明確、而又需要大量的協調的，則應放在同一部門。

● 主管能力：主管專業能力是否涵蓋相關的功能，會決定該主管的管轄幅度。

三、組織改造之三原則

● 扁平化

● 管理幅度加大（至少八到十人）

● 實施N－1（上層兼管所屬核心部門）

四、配合組織調整，安排理級以上的主管參加系列管理課程，每隔週六的下午四到六點上課

落實組織架構調整共識

接著責成人力資源部門推動以下的具體措施：

一、**組織變革**：二〇一〇年十一月開始組成組織變革小組，進行組織的改組及組織流程討論，確定工作職掌和組織切割；業務和製造的組織劃分清楚，經營單位則管理損益上的分工。在二〇一〇年終策略溝通會議上，以「各單位主管的意見及共識」作為會議的主要溝通內容。

二、**提昇領導統御能力**：為使得高階主管有共同語言，加速內部溝通速度及管理共識；二〇一〇、二〇一一年透過「富智康領導統御系列課程」，我每隔週六下午親自授課兩小時，以跨廠區視訊連線方式教授九門管理課程，所有主管都可在所屬廠區地點參加。

三、**跨廠區技術交流會**：二〇一一年起以煙台、天津、北京、廊坊四廠區各單位為起點，製造、IE、自動化、工程主管開始進行跨廠區自動化產線推動的巡迴參訪，互相學習激盪，創造良性競爭。後續各廠區主管也開始內部推動，以每週六親自主持「自動化擴大會議」的方式，大力展開自動化的落實與應用。

四、每月擴大早會主管講話：我和各廠區最高主管，輪流將公司每月重點事項，透過每月擴大早會進行全廠廣播，讓高階主管和所有一線同仁都能有共識及理念，全員目標一致。並以軍令系統二十四小時七天的訊息網路，傳達文件至各單位公佈欄張貼，且由各部門主管會議時宣讀，讓幹部能夠充份地瞭解，藉此宣傳核心價值觀及高階主管的管理要求。

五、高階主管一對一工作面談：所有的改變都是從真誠互動開始。我主動找所有的一、二階主管，進行至少三十分鐘到一小時的一對一面談，並寫下溝通之後的行動計劃。有許多主管表示，已經很久沒有高階主管跟他們進行這樣的面對面談話，可以感受到我的用心。

六、傾聽一線員工的聲音：我不定期會與生產線作業員、線長進行午餐見面會，一邊吃工作餐，一邊瞭解他們工作上的問題，並要求相關單位提出行動計畫，還要求完成時必須與提出問題的員工進行結案確認。

以上種種的措施只有一個目的：**溝通、溝通、再溝通**。

變革組織，有效溝通

由一個外部空降主管來推動組織變革，面對一個個立過戰功的主管，困難度不言可喻。我必須在極短的時間之內，建立起我的信譽和影響力，並且說服主管們同意組織變革；尤其變革將可能使部分主管必須裁掉自己現在的職務和部門，因此有效的溝通非常的重要。

所以，我採取了三個主要的組織變革措施：

一、組織扁平化

組織的指揮系統由我到生產線作業員，共有八個層級；這樣不僅無法反應快速變化的市場決策，也增加了許多成本和費用，因此減少兩層，壓縮到剩下六個層級。

二、管理幅度

組織裡存在著許多只管一兩個屬下的主管，形成了類似「煙囪」或「巴黎鐵塔」的組織圖；因此我要求所有部門重新檢討組織，要求依工作性質不同，管理幅度要增加到至少八至十個人員。如果是管理幅度不足的部門，則必須予以整併。

三、「N－1」

由於長期以來組織冗員太多、層級太多、管理幅度太小，因此許多主管不接地氣，失去動手做事的能力，無法領導屬下。在組織精簡的變革中，部門主管如果有N個直屬屬下，則必須減去一個，由自己兼任；而且要兼最大、最難、最關鍵的部門，以身作則、提振團隊士氣。

減員增效，轉虧為盈

經過二〇一一年整年的執行和努力，營收雖然繼續下降四%，達到六十三．五億美元，毛利卻從四．二%提升到五．三%，稅後淨利達到七千五百一十三萬元，順利完成轉虧為盈的任務。

二〇一一年底，富智康的員工總數為九萬八千八百六十八人；相較二〇一〇年底，減少了兩萬七千八百一十九人。組織精簡在製造成本（COGS）上貢獻了約五千萬美元，在毛利費用上貢獻了約三千萬美元；也就是說，「減員」的直接貢獻至少在八千萬美元左右。

至於「增效」的間接貢獻，則難以和其他措施區分開來。因為，任何變革的最大阻力都來自組織裡的人，而任何變革的成果，也是由組織裡的人來完成的。

二〇一一年富智康轉虧為盈的任務，可以說是我三十五年跨國企業專業經理人生涯的最後一戰；沒有當時團隊和各級主管的配合，是無法畢盡其功的。之後我在二〇一二年升任執行長，也為我的職涯畫下了一個完美的句點。

12 「透明的溝通」是建立企業內共識的巨大力量

在前面幾篇文章裡，都提到了「溝通」的重要。我就用自己的實例，來談談「溝通」在企業經營管理中發揮的巨大能量吧。

話說在一九九二年一月，我從美國加州惠普總部走馬上任到北京，擔任中國惠普第三任總裁。我的前任俞博士交接工作之後，就調任到亞洲總部；沒有多久之後，他的人資總監（一位美籍香港人）也決定返回美國。

我特地請惠普美國總部推薦一位有長期惠普人資經驗的美國人，來擔任我的人資總監；在經過許多面試之後，我挑選了「老戴夫」。

「老戴夫」是中國惠普同仁們給他取的一個綽號，其實他並不老，年紀比我長幾歲，也就是當時四十五歲左右。老戴夫是個典型的老美，長相忠厚，但是堅守原則。他有長期的惠普人資經驗，是喝惠普奶水長大、具有惠普文化的專業經理人。

我經常調侃他貌似忠厚、皺著眉頭裝可憐，但他也因此很容易贏得員工信任。在一對一溝通時，員工對他毫無戒心，願意暢所欲言。

可是，跟他一起出差時，我就經常吃虧了。搭飛機的時候，由於他的塊頭大，擠在小小的經濟艙座位上很不舒服。他會皺著眉頭、很委屈地看著空服員，此時空服員往往會給他升等到商務艙，而留下他的老闆（就是我）繼續坐經濟艙。

到了酒店辦理入住手續的時候，往往櫃檯的服務員會先招呼他，我只好乖乖的等他辦完手續才輪到我。有時候他還會開玩笑地說「Terry幫我提行李」，讓我哭笑不得。

從人資角度進行改革

當我決定僱用老戴夫的時候，我明確的告訴他，他的主要任務有兩個：

一、當我的「門神」

由於我是華人、會說漢語，因此很難拒絕利用政府關係找上門的一些請託。每當碰到這種情況，我會這樣推託：「雖然我身為總裁，但是人事方面是由總部直接管理，必須跟總部指派的老戴夫談。」

這時老戴夫就擺出一副大公無私、但是一臉忠厚老實的表情，加上語言不通，往往請託的人就自動打退堂鼓了。

這種「瞭解情況、盡力幫忙，又不傷人感情」的應付方法，確實為我解決了不少頭痛的問題。

二、幫我推動中國惠普的體制改革

他必須建立各種新的制度，把一個國有企業變成一個標準的惠普機構。更重要的是，他要把「惠普的價值觀和文化」在中國惠普建立起來。

惠普在全球的機構，每年都要做一次員工滿意度調查。在我接任之前，中國惠普每年的員工滿意度，幾乎都是全球機構的最後一名。

我告訴老戴夫，我將和他一起努力，完成我給他的兩個任務；我們兩個就像綁在一條草繩兩頭的蚱蜢，誰也離不開誰，成敗與共。

在我這一番保證之下，從來沒有到過中國的老戴夫就欣然接受了這個職務。接下來幾年的變革，堪稱是翻天覆地。許多從來沒有人做過、因此也都沒有經驗的改革，都被我們完成了。

「員工滿意度調查」的問卷分幾大類，包含工作環境、培訓、員工發展、管理、企業文化、薪資福利等等。經過幾年的努力，中國惠普的員工滿意度分數逐步提升。

薪資與福利問題

在一九九六年初，老戴夫找我談話。儘管我們努力改革、實施單一薪俸，將實質薪資（Disposable Income）提升了好幾倍，但是在員工滿意度調查之中，薪資福利滿意度一直是最低分，與幾年前的分數差不多。他因此有很大的挫折感，不禁抱怨「中國員工太貪得無厭，不知感恩」，興起不如歸去的念頭。

中國惠普「實質薪資」的高速增長，在前三年主要來自於薪資架構的改革。我們首先把許多福利（例如班車、住房、探親、報刊、食物等等）取消，將福利的成本和費用轉換成現金加入「實質薪資」裡面，形成「單一薪俸」。

這種結構改革，在公司成本沒有大幅增加的情況下，讓員工實拿的薪資成長了好幾倍。可是要改變一個國有企業的薪資結構是何等的困難？我們也都一一克服完成了。

除了結構改變帶來的薪資增長之外，我們每年還要根據物價、市場和競爭對手的情況，做「薪資調整」（Salary Increase）。

走筆至此，我必須岔開話題，先跟各位解釋一下跨國公司每年「薪資調整」是怎麼實施的。

●第三方薪資調查

首先，我們必須加入一個公正的第三方顧問公司（通常是專業的外商顧問公司），做「薪資調查」（Salary Survey）。

顧問公司會建議十五到二十家類似規模和相關產業的樣本調查公司，經過討論、並且得到我們的同意。

顧問公司通常是全球性、而且有相當規模的公司，因此他們有上百家的跨國企業加入每年的「薪資調查」。加入調查的公司，就必須依照顧問公司的方法和格式，提供各種資料進入他們的大數據庫。

●職務匹配

第二步，我們要做「職務匹配」（Job Matching）。把我們公司組織圖上的職位、職稱、職位說明書（Job Description）提供給顧問公司，以便他們和其他參與「薪資調查」的樣本公司去做匹配。

這是因為不同的公司，對同樣的工作或許有不同的職稱；不同公司、同樣職位的工作領域，也可能會不一樣。因此必須確定不同公司的職位，是具有可以比較的性質，這樣比較起來才有意義。

●物價與市場前景預測

第三步，參與調查的公司必須提出他們對明年物價上漲的預測、市場前景的看法，和預計明年每個職位加薪的幅度。顧問公司會根據這些數據，做出統計和分析。

參與調查的公司都會收到報告，裡面會有該公司組織圖上每一個職位，在今年實質的和明年預估的兩個「薪資範圍」（Salary Range），包括上限、下限、平均值等等。

這兩個薪資範圍，就是（經過參與公司同意的）十五到二十個樣本公司的今年實質範圍，以及明年預測範圍的平均值。而且顧問公司會在這兩個薪資範圍裡面，標出該公司的實質和預測薪資的落點，作為該參與公司調薪決策的參考點。

我舉個例子說明。所謂「本公司今年的實質薪資平均點，可能落在今年實質範圍的四十%；明年的預測薪資平均點，可能落在明年薪資範圍的六十五%」，意思就是說：本公司今年的實質薪資給付比較保守，可能落在樣本調查公司平均值的四十%左右；但是對於明年的物價上漲和市場前景比較樂觀，因此薪資調整比較積極，會比樣本調查公司的平均值高，落在六十五%。

●薪資原則

接下來就是每個公司根據自己公司的「薪資原則」（Salary Philosophy），而決定每個職位的加薪幅度了。

不同公司有不同的公司的「薪資原則」，這是個很有趣的現象，多多少少也反映了每個公司的價值觀和企業文化。惠普在當時的「薪資原則」就是保持在領先集團（Among the Leaders），所以我們決定每年的平均值落在六十五%。

另外，在同一個職級上也會有許多人，例如業務經理可能有十幾二十個；如果根據績效考核，最優和最劣的加薪絕對值，差距可以有多大？這樣的數字，也跟公司的價值觀和企業文化有關。

對於強調團隊合作價值觀的企業來講，最好跟最差的差距幅度可能是四十%到五十%；但是對於鼓勵內部競爭的價值觀的企業來講，可以差距到兩、三倍。根據平均值落點和績效優劣的差距，決定薪資範圍的上下限。

以上所提到的「薪資調整」流程、以及公司對每個職位的薪資幅度和平均值落點等等，都屬於公司內部的機密，不會公開向員工解釋。

打破黑箱

面對老戴夫內心受挫、導致他浮現想要離開的想法，我先安慰他說，每個人都認為自己對工作的付出比公司給予的薪資要高，這就是人性，因此薪資滿意度低是正常的、也可以理解的。但是老戴夫還是很難接受，因為相較於美國惠普每年三％到五％的加薪，中國員工的加薪幅度是驚人的，所以不能這麼說說就算了。

在無計可施的情況下，我大膽地向老戴夫建議，把這個「薪資調整」流程、以及我們的決策過程和結果，都拿出來和員工交流溝通，不再像以往一樣黑箱作業。

我大膽的挑戰公司傳統作法，主要基於三個自信：

一、我相信中國惠普的員工都是具有同理心和理性思考。

二、我相信中國惠普的員工都信任以我為中心的領導層。

三、我相信透明和溝通是最好的解決辦法。

抱著姑且一試的心情，老戴夫同意了我的建議，在中國惠普北京總部和每一個分公司去簡報和溝通，說明清楚我們在「薪資調整」上的流程和做法；而且告訴他們，我們相信惠普的薪資在業界是最有競爭力的。

於是我和老戴夫花了三個多月的時間，拜訪了總部和每一個分公司，集合所有的員工，跟他們做了詳細的報告，並且回答所有的提問；但千萬不能告訴員工具體的金額數字，避免「攀比」的現象發生。

宛如奇蹟似的結果是，一九九七年初我們收到了一九九六年惠普全球滿意度調查報告，中國惠普的員工滿意度居然是全球第一；一向都只有三十%滿意度的薪資福利，居然巨幅成長到七十五%。

伴隨著員工滿意度調查報告而來的，是來自當時惠普董事長兼執行長路易．普萊特（Lew Platt）的祝賀信。我相信這是老戴夫在他的職業生涯當中，最值得驕傲的一刻。

自從那時起，我也深深覺得「透明的溝通」是企業經營者必須要具備的能力。「溝通」是產生企業向心力和凝聚共識最有力的方法，絕對不可忽視。

Part 2

經理人領導帶心的再思考

13 實踐「管理」和「領導」的微妙時機

我年輕的時候，有許多朋友問我「管理」和「領導」的區別是什麼，而我自己也常常在思索這個問題。

我心中明白這兩者是不一樣的，但要如何用一種簡單直白的方式，才能讓很多人都能很容易地瞭解呢？

做為一個跨國公司外派的專業經理人，我經常需要出差各地，住的都是五星級酒店；這些酒店洗臉盆的水龍頭似乎水量都特別大，早上刷牙漱口的時候，水龍頭水量又大又急，但關上水龍頭之後，漱口杯卻經常裝不到半杯水。

很多人都知道，有許多方法可以把水杯裝滿。最簡單的方法，就是把水龍頭關小一點，讓水慢慢流，自然就裝滿了水杯；另外一個方法是把洗臉盆塞住，讓臉盆放滿水，然後漱口杯一舀就滿滿一杯水。

有天早上我突然靈光一閃，想到一個道理：假設這個漱口杯就是你的屬下，要裝進杯裡的水就是你賦予屬下的任務。當你交付的任務又多又急，屬下往往沒有辦法百分之百接受這個任務；或許是能力的原因，或許是心裡抗拒的因素，因此經常會出現「上有政策、下有對策」的現象。

那麼，如何運用技巧讓漱口杯裝滿水，就如同運用科學化的方法，讓員工能夠接得下這個任務，並且全力去達成，這個就是「管理」。

反過來想，人不是杯子，人是可以改變的。如果可以透過主管的影響來改變屬下，讓杯子變成一個大臉盆，那麼不論水龍頭的水多急多大，臉盆都可以裝滿水，而且裝的比漱口杯還多得多，這就是「領導」。

官僚文化與幫派文化

接下來又有很多朋友問我，在企業經營中，究竟是管理比較重要呢，還是領導比較重要？

我認為管理和領導都同樣的重要，不可偏廢。乍聽之下這個回答似乎很取巧，迴避了問題的核心。那就讓我舉兩個極端的例子，來說明何以不可偏廢。

如果一個企業或部門只強調管理，而不重視領導，那麼這個企業或部門就會形成一種「官僚文化」。一切按照制度規章或SOP來處理，欠缺應有的彈性，很容易形成一種「多做多錯、不做不錯」的組織文化；屬下也大都變成「推事」，而不是「任事」。

反之，如果一個企業或是部門，只強調個人領導而不重視制度化管理，那麼這個企業或部門就會形成隨領導者好惡的「幫派文化」。幫派文化主要有四種現象：

一、造神運動

官僚文化講體制，幫派文化講人治。幫派文化的組織體制不必健全，聽老大的就對了；因為老大說了算，所以必須樹立完全的領導權威，造神運動應運而生，各種語錄亦於焉誕生。

二、忠誠第一

對屬下的考核以對主管的忠誠度為主，能力和績效在其次；只要你忠於主管，就算能力差一點、績效落後一些都無所謂。在面臨選擇交付重要任務的人選時，就可以看出來，主管最終是信任誰。

三、爭權奪利

在幫派裡面，靠的是拳頭大打群架。誰掌握的人與資源多，誰就是老大，因此爭權奪利和內鬥的現象特別明顯。

四、逢迎拍馬

逢迎拍馬一方面表現了你的忠誠度，二方面可以爭取到許多咬耳朵的機會，用以爭取領導的支持，並可適時給予競爭對手背後插刀的一擊。因此在這種文化氛圍裡面，特別盛行逢迎拍馬。

義氣與「度」

一九九〇年代我在北京擔任中國惠普總裁的時候，曾經召開員工大會，鄭重向全體員工宣示，在公司裡面做事不能憑「義氣」。**義氣這兩個字，是一種「領導的工具」，而不是「管理的工具」**。

當時的中國大陸正值改革開放以後經濟騰飛的年代，從社會主義制度向資本主義制度轉型。舊的價值觀被摧毀了，新的價值觀還沒有建立起來，傳統的文化和價值觀都被扭曲了。

我自小受教育，學習禮義廉恥的意義是：禮就是規規矩矩的態度，義是正正當當的行為，廉是清清白白的辨別，恥是切切實實的覺悟。

反觀，當時社會上對義氣的解釋是這樣的：如果你為朋友做你職責上本就應該做的事情，這個不叫做義氣；如果你為了朋友兩肋插刀，做了你職責上不應該做的事情，這才叫做義氣。

這個和我瞭解的「義是正正當當的行為」，完全是兩碼事。因此，我鄭重地向全公司員工要求，在公務上，絕對不能講義氣；在職責上，應該遵循公司的規章制度。

接下來的一個問題，什麼時候應該講管理？什麼時候應該講領導？領導和管理之間怎麼拿捏？

我說過，領導和管理一樣重要，不可偏廢，但是在不同的情境下，就要靠一個「度」字。

開創天下靠領導，治理天下靠管理；但是這中間是五五分、六四開、或是三七開？這個就要靠主管的智慧了。

比如說，天底下所有的政黨本質上都是幫派組織，所有的政府運作都是官僚體制；但是政黨也要做好管理，政府也需要做好領導。對新創的企業而言，也是一樣的情況。

在創業之初，領導的分量要多得多，制度管理的需要會少一點。但是當企業發展到一定規模以後，管理的成分就要多一點，領導的成分就相對少一點。

三點不動一點動

我曾經跟我的老闆建議過，大企業要創新，這是生死交關的大事。但是**大企業的創新要像攀岩一樣，「三點不動一點動」**。

這怎麼說呢？三點不動，才能持續積累核心競爭力和維持運營能力；三點不動主要靠「管理」。而大企業的創新阻力大，必須要靠最高主管親自推動，因此一點動靠的是「領導」。

如果一個企業，四點都不動，就永遠沒有辦法攀登到最高點；如果一個企業的最高主管，想法每天變來變去，讓屬下無所適從，就像是攀岩時四點全動，摔得粉身碎骨。

一個成功企業的經營者，最高的智慧就是在領導和管理之間找到一個平衡點，這就是一個「度」。

許多領導者能得天下，卻未必懂治天下；更多管理者會循制治理，但欠缺開疆闢土的本領。隨著所處產業的競爭環境、本身發展階段，經營者必須檢討本身企業文化，審視自己心中的一把尺，拿捏「管理」與「領導」之間的「度」在何處。

14 「儲備領導人才」與「成為領導者」的經驗

專業經理人的路上，我運氣算是好的。台灣惠普有許多人才，比較幸運的是，一九八七年台灣解嚴開放民眾赴大陸，我恰好成為第一波總部從台灣培養去中國派駐的人才。

惠普總部為了培養我接任中國惠普的第三任總裁，煞費苦心地為我量身訂製了四年培養計劃。首先在一九八八年，派我去香港惠普亞洲總部工作兩年，增加我的國際化經驗，然後再調到惠普美國加州矽谷的總部兩年；期間除了擔任洲際總部的業務發展經理，負責做五年長期發展計劃以外，還由公司出學費，送我到聖塔克拉拉大學唸一個MBA學位。

在遠赴美國之前，我問了我的職涯導師，也就是惠普全球副總裁兼洲際總部總裁亞倫・貝克爾（Alan Bickel）先生：「專業經理人應該是看能力不是看學歷，為什麼在我加入惠普工作十一年以後，才要求我再去唸一個ＭＢＡ學位呢？」

他的回答令我對公司的用心相當佩服。他說：

一、如果你打算在美國公司長期發展，那麼你就必須要到總部工作一段時間，瞭解權力核心的運作，同時建立起在總部高層的人脈。

二、你必須瞭解美國文化、融入美國生活，而最好的辦法就是到美國大學去念ＭＢＡ，不僅能瞭解美國文化，而且能學會最新的管理工具。

聖塔克拉拉大學位於美國矽谷，是個學費挺不便宜的私立大學。這所大學的ＭＢＡ課程只有夜間的，沒有白天的，主要是為在矽谷工作的專業人士提供工作之餘念ＭＢＡ的機會。當時惠普的許多高層，都是自費在這個學校進修；公司願意全額負擔我的學費，算是很禮遇我了。

我也算沒有辜負老闆的期望，在短短一年半的時間裡，修完二十二門課、六十七個學分，以排名前五％的成績順利畢業拿到ＭＢＡ學位；然後在一九九二年初，舉家從美國搬到北京，就任中國區總裁的新職。

管理課程與現實的落差

我一到北京，就發現自己面臨兩個嚴峻的挑戰。

一、中國惠普是一個合資公司

中方股東有電子部下屬的中國電子進出口總公司、北京市電子辦、長城計算機公司。當時的合資合同很明確：合資公司的總裁及高層職位由惠普公司指派，董事長由中方指派，而且每一個高層職位，都有一個中方指派的副手來擔任副職。

我的中方副總裁在我上班的第一天就告訴我，董事長說我的任命沒有經過他的同意，也沒有經過他面試，所以他準備開除我，請惠普換人。雖然事後我才瞭解這是個玩笑，但也充分說明了這個公司組織和運作的複雜，不是我所熟悉的惠普公司。

二、我沒有「實權」了

在跨國企業或是一些政府單位，矩陣式組織都是不可避免的。以中國政府做例子，中央部委管轄的是全國性的政務，俗稱「條條」；地方省市政府則是管理地方政務，必須和中央部委合作落實地方的政務，俗稱「塊塊」。

以跨國企業來說，產品事業部門負責產品的盈虧，必須銷售到全世界，就像政府的「條條」；而各國分公司負責各國市場的實際銷售，就像政府的「塊塊」。

為什麼叫做矩陣式組織呢？條條是縱的線、塊塊是橫的線，形成一個交叉的棋盤；所以在國家的每一個高層職位，都有兩個老闆，一個是產品事業部的老闆、另一個是當地分公司的總經理。那麼在兩個老闆之間，權力怎麼平衡運作呢？

對於員工來講，很現實的，老闆就是賦予他任務、做他的績效考核、調升他的薪資、決定他的獎金股票、報批他的升遷等等的人。在矩陣式管理的情況下，每個高層都有兩條線報告給兩個老闆，其中一條是實線，另一條就是虛線。虛線老闆可以提意見，但是最終決定由實線老闆來做。

當我在一九七九年初加入台灣惠普公司的時候，實線大權是落在塊塊的老闆手上。

也就是說，惠普台灣分公司總經理負責所有高層主管的任用、調動、績效考核、薪酬和升遷；我在初加入台灣惠普時，夢想就是有一天能成為台灣分公司總經理。

在矩陣式管理下，兩個老闆之間的合作並不是永遠順利，總是會有一點問題，免不了發生不愉快、意見不同的情況。而且隨著條條或塊塊主管個人的強勢，也會對組織產生不同的影響。

這就有如「鐘擺效應」，當鐘擺到最高點的時候，就開始往反方向擺動，一直到最高點，周而復始。

我在惠普辛苦奮鬥了十一年，終於如願拿到中國惠普總裁的職位，可是當時鐘擺卻從塊塊擺向了條條。不但我的一線產品主管都實線報告給亞洲區總部的產品總經理，甚至至亞洲總部功能部門的主管，例如財務、法務、人資等等，也都藉著組織變動之際，強勢地要求更多的實權和控制。

而以我一個未滿四十歲、台灣出身、沒有總部靠山，空降到大陸的專業經理人，對於這種權力的轉移拿不出任何辦法，無異是個紙老虎。

這兩個出乎我意料之外的情況，是我在惠普十一年當中從來沒有遇見過的，在美國

MBA課程也沒有教過怎麼解決的。我只有靠自己的判斷，不斷地摸索、試錯，花更多的時間和精力。無論如何困難，最後依然必須要圓滿完成惠普總部交代給我的任務。

成功扭轉員工滿意度

從一九九二年一月到一九九七年十月底，接近六年的時間當中，中國惠普的業績成長了十倍，業務遍佈全中國大陸，聲勢直逼甚至超越IBM。

被譽為「中國互聯網第一媒體人」的劉韌，曾採訪過整整一代IT和互聯網企業家，《知識英雄——影響中關村的五十個人》就是在這樣的背景下誕生的一本書。作為一部極具影響力的作品，《知識英雄》集合了當時劉韌與五十位中國式企業英雄榜樣人物的真實採訪語錄。他們是對中關村有著重要影響的五十位企業家，如柳傳志、雷軍、譚浩強、王選、楊元慶、王志東等人，也包括了在外資企業服務的我。

可是我最引以為傲的，倒不是以上兩項。惠普公司每年在全球的各機構都會做員工滿意度調查，這項調查在惠普非常重要，就如同大會考一樣，每個員工都必須參加，在匿名的情況下，回答對於公司方方面面的制度包含工資福利等等的問題，並予以評分。

在一九九二年之前的員工滿意度調查，中國惠普一直是名列全球機構最後一名。主要原因是中外合資公司的組織，所以許多措施必須要考慮中方股東的企業制度，合資公司和中方企業的薪酬和管理制度不能差距太大。另一方面，惠普外派到中國的員工和中方員工之間，在福利待遇方面差距很大，這也使員工對於惠普所稱「以人為本」，抱持很大的懷疑。

在我到任後，為中國惠普做的「體制改革」和「重塑惠普文化」等努力之後，有了奇蹟般的轉變。一九九七年，全球員工滿意度調查後，我收到當時惠普執行長普萊特先生的致賀郵件，恭喜中國惠普在一九九七年全球員工滿意度調查之中名列全球第一名！

短短的六年，中國惠普的員工滿意度竟從惠普全球機構最低分翻轉為最高分，這在惠普締造了前所未見的紀錄。

變革型領導，激發積極性

提到這段歷史，不是為了誇耀當年勇，主要是想談談面臨著合資公司和喪失實權的兩大困境，我是如何思考和行動，努力化危機為轉機。回顧在這六年當中，關鍵在於努力建立自己一種獨特的能力，我稱之為「不靠職位力量的管理」（Managing without Position Power）。

靠著它，我超越期待的完成了總部交給我的任務，贏得了客戶和中方股東的尊敬，提高了所有員工士氣和滿意度。「不靠職位力量的管理」就是能夠將漱口杯變成臉盆的領導能力。

在MBA課程中提到領導能力，最有名的當屬政治社會學家伯恩斯（James MacGregor Burns）的經典著作《領導》（Leadership）。在這本著作中，伯恩斯將領導者描述為能夠激發追隨者的積極性，從而使領導者和追隨者的目標都達成的人。尤其重要的是採取「變革型領導」（transformational leadership）。

領導者必須讓下屬清楚認知，自己所承擔任務的重要意義和責任、激發下屬的高層次需要，或是擴大下屬的需要和願望，使下屬認為團隊、組織和更大的企業利益超越個人利益。

學者布魯斯．艾沃立歐（Bruce Avolio）提出過四種變革型領導的行為：

一、理想化影響力（idealized influence）
二、鼓舞性激勵（inspirational motivation）
三、智力激發（intellectual stimulation）
四、個人化關懷（individualized consideration）

具備這些特質的領導者，通常具有強烈的價值觀和理想，他們能成功地激勵員工超越個人利益，為了團隊的偉大目標而相互合作、共同奮鬥。

坦白講，我在管理課程中學到的這些理論原則，當碰到現實環境時，並沒有給我多大的啟發和幫助。尤其在中方體制的掣肘和失去實線管理權的情況下，來自總部的我，如果空有強烈的價值觀和理想，而沒有具體有效的做法，要領導這樣一個複雜的團隊，談何容易？

在中國惠普的六年，我每天都在想如何影響員工，把握每個和團隊溝通的機會，把握每個可以有所作為的時刻，毫不猶豫果斷行動。

感謝當時的困難，給我絕佳的領導實戰歷練。往後在跨產業（德州儀器）、跨文化（鴻海集團）之際，即使面對重重困難，即使企業文化和產業生態差別很大，我總能在新組織獲得員工高度認同。

我深深體會到，管理和領導是完全不同的兩種能力，也是一個成功的專業經理人或創業家必須兼備的關鍵能力。

15 管理心法：改革、專業、關懷、贏得尊敬

許多朋友看了〈儲備領導人才」與「成為領導者」的經驗〉這篇文章之後，都很有興趣知道：我在中國惠普那六年究竟做了什麼事，因而在惠普人心中留下了特別深刻的印象？

本來我不打算特別去提這些二十五年前的事，畢竟時空背景迥然不同；當時的決策方式，現在來看未必能被理解。但是也有一群朋友勸我，管理與領導的道理本於人性和組織學，不像科技那樣，過去了就被取代，所以還是很希望我給個答案。

我從不覺得自己用了什麼像孫子兵法般深奧雋永的領導方法和理念，不過如果拉長時間軸、跳出來看，也確實有幾個可以一以貫之的東西；所以，就當做說故事，跟大家分享吧。

為什麼要體制改革

台灣政府有一個職位叫做政務委員（Minister without Portfolios），英文直譯的意思就是「沒有實權的部長」*。我在一九九二年一月到北京上任，當時心中的感覺就是這樣——很像個沒有實權的總裁。

既然負責產品的業務主管都是虛線報告給我，那麼我就要找個我能夠實際掌控的領域，作為我在中國惠普的出發點。

就像許多中國國有企業的領導一樣，我花了大量時間在管理薪資福利這一類的事情。其中佔我極大部分的時間，是在評估考核員工的各種績效點數，做為「分配住房」的依據。

這些事情，都是我在MBA課程中不曾學到的，也是在過去十一年的惠普生涯當中未曾經歷過的。

我決定選擇「體制改革」作為我擔任中國惠普總裁的第一個著力點，所涉及的主要是人資和財務領域。當時企業為了規避個人所得稅，普遍做法是用很低的現金薪資，配合繁多的實物發放和各式各樣的福利，讓員工得到實質利益。因此，當時的企業除了要負責員工的食衣住行之外，還要負責員工的所有醫療費用。

如果仔細計算一下公司的成本，其實不僅福利成本非常昂貴，管理福利分配所付出的隱形成本也非常的高。當時考核、分配的決策工作，佔據了企業領導很多時間；而且在社會主義計劃經濟的大環境之下，企業發展反倒不是國有企業經營層的工作重點。

但是對我來說，**企業經營的重點應該是「創造價值」，而不是「分配利益」**。

「五子登科」的承諾

我決定來一個企業體制大改革，把所有的福利都取消，改以現金發放。這麼做，企業的成本並沒有增加，但是讓企業經營者可以時間花在企業的發展和經營上面。也就是說，我要以「單一薪俸制」，取代過去國有企業非常複雜的薪資福利制度。

＊編注：政務委員於我國的地位，相當於其他國家的「不管部部長」。

其實，當時合資企業的經營非常困難，和國有企業立足點並不平等。首先，合資企業沒辦法像國有企業一樣，提供非常好的福利；而且由於「薪資封頂」政策的限制，在薪資方面也無法大幅度的提升。再加上中方、外方人員的待遇差別非常大，讓本地員工在心態上覺得成了二等公民，受到不公平的待遇，因此優秀員工的離職率非常高。

於是我為所有員工勾繪了一個願景。我公開向員工宣示，我要讓所有離開的員工後悔，要讓所有在職的員工每天早上醒來都很高興的來上班。同時我也提出了惠普員工一定會「五子登科」的承諾。

許多員工從來沒聽過五子登科，問我那是什麼；我告訴他們，「五子登科」就是讓每一個員工都能夠擁有妻子（或丈夫）、兒子（或女兒）、房子、車子、還有票子（銀行存款）。

現場的員工聽了都哄堂大笑，認為這是癡人說夢，完全不可能辦到；當場還有一個員工跟我說，只要能夠達到小康境界，他們就滿足了。我追問什麼是「小康」，這位員工回答，每月工資五百美元。

為了進行體制改革，我展開多方面的說服工作，花大量的時間和中方的股東和董事溝通、和政府領導建立良好的關係，以便爭取到他們在薪資、稅制和其他公共政策方面對合資企業的支持。

對於內部員工，由於他們不瞭解市場經濟，有許多人抱持著反對的態度。我這個從市場經濟體制來的空降執行長，在改革上發現許多沒有預料到的困難；最終，經過全方位的努力，大部分中國惠普的員工的確實現了「五子登科」。

或許這也是這段歷史特別讓他們懷念的原因吧。而這其中的困難和挑戰，非常有趣又有時代特色，還真不是三言兩語說得完的。

價值觀的貫穿不是空口白話

領導者的工作有很大部分是宣揚理念。企業理念不是說說就算，**領導者真正身體力行才有說服力**。針對公司的主管們，我親自擔任很多教育訓練課程的講師，教導他們許多管理的方法和技巧，同時灌輸他們正確的價值觀和惠普文化。這裡有兩件事值得一提，可以看出我如何把員工從「漱口杯」變成「大臉盆」。

當年惠普特別設計了一個四天三夜、非常經典的管理訓練課程，叫做「管理的流程」（Process of Management），簡稱POM。我在兩年當中開了七次POM，由我親自主講，每天不到晚上九點不會結束；分組討論激烈時，甚至經常會超過午夜十二點。我每次講完一個課程都精疲力竭，就像生了一場大病一樣。

POM是惠普內部的標準課程，但是透過四天親授討論，我得以傳達清楚的價值觀、以及我對中國惠普的經營理念。在這兩年內，中國惠普所有的主管都上過這個課，建立起共同理念和共同語言；這是我能夠做到「不靠職位力量的管理」（Managing without Position Power）的一個重要關鍵。

第二件事情是針對員工的教育訓練。除了各地主管到北京上課，我的足跡也踏遍了全中國大陸的各個惠普分公司，親自為基層員工做重要培訓。

當時瀋陽分公司只有八位員工，他們寫信希望我能到瀋陽為他們上一個很基礎的課程「簡報技巧」。我二話不說，決定親自到瀋陽為這八位員工做兩整天的簡報技巧培訓，至今中國惠普的員工對這件事還津津樂道。

虛線實做

各個產品線在亞洲區的總經理大部分是老外，對中國的情況非常不瞭解，尤其與政府打交道更是摸不著頭緒。

當他們到中國來視察業務的時候，都由我來安排陪同跟大客戶或政府領導見面；此外，我也主動協助他們負責中國業務的屬下拜訪客戶。以我十多年的銷售和業務經驗，加上中國惠普總裁的身分，和我與政府高層建立的緊密關係——有我出馬，無往不利。

在業務推展上，我給予這些產品線主管巨大支持但不爭功，同時我在惠普總部兩年所建立起來的人脈，也發揮了很大作用，這些老外樂得讓我來幫助他們。雖然我的位置是虛線的管理職，但是實際上我已經在操作實線的管理。

建立信任

總結一下我在北京六年的最大收穫，就是我學習到了「不靠職位力量的管理」；將漱口杯變成大臉盆的關鍵，在於贏得人們的「信任」與「尊敬」。

建立「信任」的第一步，是先把自己變透明。試想，一個喜怒哀樂不形於色的人，你會輕易信任他嗎？一個你很陌生、不瞭解他的過去經歷的人，你會信任他嗎？

因此，我抓住各種溝通的機會，讓員工瞭解我過去的經歷。透過親自講課，我深度剖析自己的價值觀和經營理念；對於前來尋求我協助的員工，我不會輕易告訴員工該怎麼辦，而是分享我自己的思考邏輯，然後由他們自己去嘗試著運用同樣的思考邏輯找出自己的方法。

在所有中國惠普的員工眼中，我就是一個透明的人，因為我總是把每一件事情攤在陽光下，跟他們分享和討論。

建立「信任」的第二步，是你要先主動去信任別人。做為一個主管，你要去瞭解屬下的優點和缺點。掌握他們的優點，賦予他們適合的工作、主動表達對他們的信任。對於他們的缺點，應該給予配套的團隊或方法，以免他們的缺點影響到工作。

如果不深入瞭解屬下，就輕易的信任他們，就是草率妄信；在下過功夫瞭解屬下之後，如果你還不主動信任你的員工，你如何能夠期待他們會信任你？

贏得尊敬

接著我想談談如何贏得員工的「尊敬」。信任和尊敬不是同一回事，你信任的人，你未必會尊敬。屬下尊敬你的理由很多，我認為最根本的就是專業能力（knowledge power）和個人關懷（individualized consideration）。

要贏得員工的尊敬，首先必須在自己的專業領域夠強。這世界上沒有所謂純管理的工作，一定要搭配許多專業上的知識和方法。如果你在自己的專業領域，都沒值得別人學習的地方，怎麼能夠期待別人尊敬你？

因此，研發部門的主管，在研發和技術上必須有領導他人的能力；製造部門的主管，在製造的流程和工藝上，一定要有許多經驗和技術值得別人學習。

但是，員工或屬下的第一個身分，就是「人」，因此避不開「人性」，人性總是以自我為中心。天底下在專業領域強過自己的人比比皆是，但是你未必會對於每一個強過自己的人都非常尊敬。原因無他，就是「關我何事」？

大多數人會對關心自己和照顧自己的人產生好感，因此，如果主管能夠站在屬下立場為他們著想，屬下會加倍奉還。一個主管，專業上能成為員工學習的對象，又對員工真正的關心照顧，他就同時贏得員工理性上的尊重和情感上的敬愛，也就是「尊敬」。

這篇文章大部分講的是二十多年前的事，但其實結論很簡單。你要建立起不用實權的領導能力，關鍵就在於你能夠贏得別人的信任與尊敬。

在不同的時空背景之下，也許你所需要做的事情會不一樣，但是目的都是為了贏得別人的信任與尊敬。一旦你贏得了別人的信任與尊敬，你就具備了「不靠職位力量管理」的能力。

16 改變人心——領導力的最高境界

一位台灣年輕朋友，目前在大陸的台商企業服務，經常閱讀我的臉書文章。他透過微信寫了下面這段文字給我：

一直以來，我最希望能成為像「僕人領導方式」的領導人，但現實總是不能如人所願。中國的管理方式雖然不是我所認同，但還是希望能夠在不同生產型態下，習得更多難能可貴的經驗。

台資企業的管理注重速效，只要不打罵，主管就開始懷疑中階管理者在扮白臉、不願意懲罰人。我比較重視「不教而殺謂之虐」的道理。指令不清楚，R&R（權責）不清楚，做出來的東西不到位，最該先檢討的是管理層。然而在梳理的過程中，高階主管的耐心通常不太夠。

所以後來看到老師的文章，真的有天降甘霖之感。老師位高權重，卻不以權勢服人，高風亮節，真的令人欽佩，是台商管理層裡很稀少的人物典範。

我會這麼想，在大陸期間讀到老師的文章是原因之一。就是……很多大陸朋友，其實普遍對台商的管理方式都非常不認同，也有相當濃厚的刻板印象。我很想把您的文章介紹給台灣朋友、大陸朋友等等，讓他們瞭解「桃李不言，下自成蹊」的道理。

惠普的價值觀

這位朋友的想法，我可以理解。雖然我是台灣人，但是，我的管理哲學與方式是來自早年惠普公司的價值觀與企業文化。

惠普公司是史丹佛大學的兩個畢業生比爾．惠利特和大衛．普克德於一九三九年在加州帕羅奧圖市一個車庫裡面成立的。比爾的個子十分矮小，是一個專注於技術的工程師；大衛則是高頭大馬，超過一九〇公分的身材，讓他在史丹佛大學時期就擔任學校足球隊的四分衛，是個外向開朗的市場行銷和管理人才。

他們兩人在身材和個性上的差異，並沒有妨礙他們成為好朋友。聯繫著兩人友誼的，是他們都身為十分虔誠的基督徒，相信「人性本善，以人為本」的價值觀。

因此，惠普的價值觀和企業文化，確實有著比較傾向「僕人式領導」的精神。

什麼是僕人式領導

羅伯特．K．格林里夫（Robert K. Greenleaf）主張的僕人式領導（Servant-Leadership），是一種存在於實踐中的無私的領導哲學。此類領導者以身作則，樂意成為僕人，以「服侍」的態度來領導；其領導的結果，也是為了延展服務功能。

僕人式領導鼓勵合作、信任、先見、聆聽以及權力的道德用途，不一定要取得正式的領導職位。

一九七〇年，美國電話電報公司（AT&T）的執行長在〈僕人式領導〉（The Servant As Leader）一文中，首次提出了「僕人式領導」的概念：

僕人式領導首先是僕人，他懷有服務為先的美好情操；他用威信與熱望來鼓舞人們，確立領導地位。他與那些為領導而領導者截然不同，他所渴求的恰是緩和那種不同尋常的領導力、削弱對資源的佔有。對於那些以領導為先的領導者來說，在領導地位、威信以及影響力確立之後，或許才能夠談到服務。

「領導為先」和「服務為先」是領導哲學的兩個極端；處於它們之間的，則是混雜著的其他各式人類特性。

這兩者的區別，凸顯出僕人領導關心的是服務，是他人的需求是否滿足。測試領導者是否是僕人領導的最好做法——對其本人來說，或許也是最難的做法——就是去考察其服務對象，看看他們是否強壯、聰慧、自由、自主，也想成為助人為樂的公僕？

再看看最為弱勢的群體，在此領導之下是怎樣的境況。他們是否也同樣獲益，或者至少不再被邊緣化，不再被拋棄？

而在世界的東方，古印度的思想家考底利耶（Chanakya/Kautilya）早在寫於西元四世紀的名著《政事論》（Arthashastra）中就已經提出：英明的君王以臣民之樂為樂。

宗教的力量

在西方，僕人式領導的思想最早可以追溯到耶穌基督，他教導他的門徒說：

你們知道，外邦人有尊為君王者，統治管理他們；有貴為大臣者，操權約束他們。只是在你們中間，不是這樣。

在你們中間，誰願為大，就必做你們的傭人；在你們中間，誰願為首，就必做眾人的奴僕。因為人子來並不是要受人的服侍，乃是要服侍人，並不是要受人的服事，乃是要服事人，並且要捨命作多人的罪贖。（馬可福音第十章第四十二至四十五節）

我的父母和我的太太都是虔誠的佛教徒，但是我並沒有皈依佛教。在佛教的基本教義裡面，有一個重要的信仰，就是相信世間有輪迴。在其他的宗教裡面，並不是都有輪迴這個概念。

幾年前，我和我太太的藏傳佛教師父夏祖仁波切聊天時，探討到輪迴這個問題。

由於我是一個工程背景的管理者，凡事都要講求證據，因此對輪迴始終保持著懷疑的態度。但是，仁波切接下來的一段話，徹底改變了我的看法：

當一隻最兇猛的獅子吃飽了以後，即使一隻綿羊從眼前走過，獅子也無動於衷。但是人類的貪婪，永遠不會滿足於已經擁有的，只想得到更多。因此地球的環境已經被過度開發，造成了許多禍害。將來我們的子孫，必將承擔我們所造成的災害後果。

我沒有足夠的證據能夠說服你，世間有輪迴轉世的存在。但是，如果世間的人都相信輪迴轉世的話，他們會瞭解今天造成的惡因，將來也是他們轉世回來，自己承受這個惡果。或許人類會約束自己，不要破壞了今天美好的環境，為自己的來世做準備。

在沒有證據顯示輪迴的存在或者不存在，那麼我選擇相信或不相信，又有什麼差別呢？如果選擇相信能夠讓世界更美好，那麼我寧可選擇相信。仁波切的一番話，改變了我的想法。

領導力的最高境界

另外一個例子，是有關基督教的。

一九九七年底，我離開了惠普，加入德州儀器，因此由北京搬家到了美國德州達拉斯；在德州儀器總部學習和工作半年之後，再舉家搬回離開了十年的臺北。

由於學業的關係，我把當年年僅十四歲的二兒子留在達拉斯念中學，所以我只有在每年兩、三次返回總部開會述職的時候，才能夠有短短的一個星期和我的二兒子相聚。

由於環境的關係，我的二兒子也信奉了基督教，跟著朋友每個星期天上教堂。我兒子知道我不信基督教，但是他仍然邀請我在星期天早上跟他一起上教堂。我當然是找理由百般推辭，可是他的態度非常堅定，一定要我陪他去。

我不禁很疑惑地問他：「為什麼一定要爸爸陪你去教堂呢？」

他說：「我不希望我將來到了天堂以後，找不到你。」

短短的一句話，讓我感受到兒子對我濃濃的愛，於是我當場改變了想法。只要我在達拉斯，每個星期天我都會陪他上教堂。

宗教能夠改變人心，用的並不是威權，而這正是領導力的最高境界。

17 說真話，但要能聽懂三種假話

在《經理人》網站的〈聽不到真話的組織不會成長！兩個真實故事〉這篇文章，有這麼一段話：

組織內的階層關係，使得部屬很難直話直說，大部分的時候，當員工的還是會選擇順著毛的方向摸。就算主管自認親民開放、和第一線員工站在一起，也很難避免這樣的情況。

這篇文章提到了讓組織內的同仁敢說真話，對組織正向成長的重要性；因為，聽不到真話的組織是不會成長的。

確實，在職業生涯裡，一旦你當上了主管，你聽到的真話就可能越來越少。

其實，「聽不到真話」只是冰山的一角；一旦晉升為主管，你可能更會聽到許許多多的假話。你會發現，有些屬下或同事會主動到你的身邊來咬耳朵。講這些話的目的，絕大多數是想利用你的權力和影響力，達到他的個人目的。這些假話，都可稱為「欺騙」。

在談「什麼是假話」之前，先說說什麼不是假話。在美國法庭上，證人在法庭上宣誓的誓詞是這樣說的：

我發誓我說的都是實話，完整陳述實情，絕無半句虛言。（I swear that I will tell the truth, the whole truth, nothing but truth.）

假話有三種，一種比一種糟

在我的經驗中，假話分成三種，而且一種比一種更可怕。身為主管或老闆的你，不能不知道。

一、完全說假話

第一種欺騙是「完全說假話」，根本沒有一句實言。通常這種假話都是很短的話，而且大部分是微不足道的小事；當下不會有人花力氣去查證，因此往往可以得逞。但這種欺騙不能維持長久，比較容易被拆穿。

如果公司讓這種小假話蔚然成風、坐視不管，久了就會造成企業文化敗壞；因此需要透過教育訓練，強調公司對誠信的重視，即使小謊也絕不姑息縱容。

二、半真半假

第二種欺騙叫做「半真半假」，一半真話一半假話。這種欺騙比「完全說假話」還要來得糟糕，因為真話可以用來掩護假話，比較高明，也比較不容易分辨。

三、選擇性真話

第三種欺騙叫做「選擇性真話」，換句話說，就是刻意不講完整的真相，只講部分實情。

這種欺騙最高明，也最可惡。高明的地方在於他所說的都是真話，無懈可擊；但問題是，這些話只透露部分事實，對另一部分避而不談。目的是挑對自己有利的說，迴避對於自己不利的部分。

為什麼這種「選擇性真話」最可怕？因為主管很容易被這種話術誤導，做出錯誤的判斷與決定。主管自己必須承擔錯誤的責任，而沒有說出完整真相的人卻能避開責任，全身而退。

防範欺騙之道

我和大家分享這些管理的經驗，並不是要大家像防賊似的懷疑你的屬下和同事。大部分的人都是正直的、善良的；但也不可否認，人總是會因為自律不嚴或為了謀取私利，而犯下一些錯誤，或是為了面子而忍不住說了假話。

要防止這種欺騙的發生，在於**敏銳注意細節**、**清楚掌握邏輯**。

如果你能深入瞭解你的屬下，就比較容易判斷屬下所說的話是真是假、半真半假，或是選擇性地說真話。

在公司裡聽不到真話，大部分是主管自己的管理風格造成的。但在職場裡的欺騙，還是得由主管明辨導正。如果主管常常無法分辨真話假話，或是知情但不處理，必定導致員工渾水摸魚，公司紀律敗壞，敢說真話的人也就留不住了。

這些道理淺顯易懂，相信身為主管的各位必定點滴在心，我就不舉例子了。工作時不妨仔細觀察，你就會發現這些不同的欺騙案例，確實無所不在。

身為主管的你，該如何應對？就看你的智慧了。

18 除了真假，還有是非：如何在企業中拿捏對錯？

在我發表了〈說真話，但要能聽懂三種假話〉這篇文章之後，除了在《火箭科技評論》網站（Rocket Café）之外，兩個臉書帳號和粉絲專頁總共有超過六百多次的轉貼分享。看來，朋友們對於職場實務經驗分享還是挺有興趣的。

既然談了「真假」，這裡就來談一談「是非」吧。

為什麼這值得談？基本上「真假」和「是非」有緊密的關連性，通常認為說真話當然是對的，但這卻又不是絕對的。

有趣的問題來了——「真假」是基於客觀事實，沒多少爭議；但「是非」是基於價值判斷，所以常有歧異。為什麼會說「公道自在人心」？每個人的心中各有一支尺一把秤，對同一件事有各式各樣的是非解讀；在職場尤其如此，以致對「是非」的疑惑，就比對「真假」大得多了。

是非在於「利他」

西方人有一個名詞叫做白色謊言（White Lie），通常「說白色謊言」指的是對的行為、而不是錯的。為什麼說謊反而成了對的事情呢？

例如，一對夫妻遭遇一場車禍，妻子死亡，丈夫重傷垂危。為了激發命懸一線的丈夫積極求生的意志，醫生可能會告訴丈夫他的妻子沒事。這就是白色謊言，而且被公認為是正確的事。

從普世價值來看，是非的斷定就在於是否「利他」，或是讓整體結果變好。如果權宜之下說假話是為了利他，這個假話可能反而是對的（「是」）；從上面的例子來看，如果不假思索說真話，讓垂危的丈夫灰心之下喪失求生意志，那麼這個真話可能反而是錯的（「非」）。

前一篇文章提到欺騙有三種，即使是真話也有可能是欺騙。這裡我就來跟各位談一談，對於是非有五種態度或現象，而且這五種也有高下之分。

一、大是大非

第一種是非最高尚，叫做「大是大非」，是將所有大小事情都嚴格區分是與非。大是大非的人一定有很清楚、而且不容混淆的是非原則，不論是在工作環境或日常生活上，一言一行都嚴守是非的分際。

古人說「慎獨」，即使自己一個人獨處，沒有他人在場，個人行事仍然遵守自己的是非原則。這種人品格高尚、嚴以律己，卻難免流於固執，不知變通。

二、小是小非

第二種是非叫做「小是小非」。他會區分大小事，大事嚴明、小事隨興；對於重要的原則必定會堅守，但是對於日常的一些小事，認為無關宏旨而不一定去遵守。

例如，殺人放火的事情絕對不做，背叛國家的事情也肯定不做；但是在十字路口碰到紅綠燈的時候，只見四下無車，也沒有人管，就逕自闖紅燈過去。基本上這種人算是不犯法、但會犯規，如果認定方便自己又不傷害他人的小事，就不堅守是非原則了。

以上兩種人，終歸是有原則、懂是非的人。如果一個社會大多數的人都是「大是大非」或「小是小非」的老百姓，那麼這個社會或企業大致會是一個安定、穩定、有序的。

接下來三種情況，差別可就越來越大了。

三、是非不分

第三種叫做「是非不分」。這種人行事風格絕對自我，完全依照自己心中的一把尺，而不依照社會共同遵循的道德標準和是非規範。所以從外人來看，可謂有正有邪，或是亦正亦邪，因此可謂是非不分。

現在有許多人把「我喜歡就好」或是「任性」經常掛在嘴上，以自己的喜好而行事，不管他人的感受。所以他們的作為有是有非，其實就是「是非不分」。

四、似是而非

第四種是非叫做「似是而非」。這種人為什麼比「是非不分」的人還糟糕呢？因為他們明明做的事情不對，卻還是要打著正義的旗幟，硬拗別人這是對的。如果有一群似是而非又能言善道的人，往往混淆了是非觀念；長期下來，甚至足以破壞一個社會或企業的價值觀。

這種人要能產生影響力，往往是行不義之事卻打著正義的旗幟，來把個人行為合理化，用「似是而非」的說法來影響他人的觀點。

五、積非成是

第五種是非，是最糟糕的情況，叫做「積非成是」。為什麼積非能夠成是？必定有很多「似是而非」匯集成強大的力量，整個組織文化隨之扭曲，秉持正義公道的人反而要退縮、沉默。這種人的所作所為雖然顛倒是非，但憑著多數或是強勢，反而成為主流標準。

這種「積非成是」的現象，確實已經存在一些企業和現在的社會各階層當中。

兩股左右是非的力量

學過統計學的人都知道，當樣本數量足夠大的時候，樣本的分佈一定會成為一個倒扣的鐘形，呈現一個常態分配。這五種是非標準基本上也呈現統計學上的常態分配。其中大多數集中在均值線的，就是主流價值。

不管是大到國家社會或是小到企業，都有兩股力量在左右主流是非標準的走向。

一、風行草偃的力量

第一股力量就是國家政府或是企業的經營層，所謂「風行草偃」的結果。

在論語中有這麼一段：

季康子問政於孔子：「如殺無道，以就有道，何如？」

孔子回答：「子為政，焉用殺？子欲善，而民善矣。君子之德風，小人之德草。草上之風，必偃。」

在上位者的行為（德）好比是風，老百姓的行為好比是草；風吹在草上，草必定會隨風而倒。

無論企業或是國家，道德高下和是非標準，必定與領導者有密不可分的關係。手握最大資源的企業經營者，他的所做所為就是決定企業向上提升、或是向下沉淪的關鍵。

二、左右輿論的力量

第二股力量就是能夠左右輿論導向的團體；例如電視上的名嘴，社會運動團體等等。這些人通常是少數人，但是由於他們的言行能夠在媒體上曝光，因此對於社會的影響極大。

在職場上也有同樣的現象，除了組織圖上的主管以外，通常還有一些地下主管。他們是組織意見領袖，雖然沒有實際的職權，但有時他們的影響力甚至於大過組織圖上的主管。例如企業中負有眾望的資深員工，就屬於這類人士。

假公濟私，還罵公司出氣

回顧我曾經歷過的一段故事。在一九九二年擔任中國惠普總裁的時候，我面臨的挑戰是，如何將一個國有企業改造成一個現代化的企業。當時的員工大部分都是在社會主義計劃經濟的環境中長大成人，因此廠家一體、公私不分都是正常現象。

有許多觀念和做法，以一個資本主義市場經濟企業經營的角度來看，都是「似是而非」甚至「積非成是」的。以平均工資五百人民幣的當時，部門聚餐一定到五星級酒店，一頓花費數千人民幣。酒足飯飽之際，還有人高呼「吃垮資本主義」！

更糟糕的是，員工在上下班搭乘公司提供的班車時，最熱門的話題就是找題目罵公司。對公司的批判和攻擊，似乎成為了他們做這些假公濟私行為的正當理由；也就是打著公義的旗幟，行不義之事。

當時北京有句老話描寫這種現象：拿起筷子吃肉，放下筷子罵娘。在當時的政治氛圍之下，罵政府會有嚴重的後果，所以能夠出氣的，就是罵公司。

在大陸改革開放的初期，民怨必須有個出口，這種現象我完全理解。但是如果任由這種現象擴大發展，不僅對於公司的管理、績效不利，甚至對企業價值觀和企業文化都會產生扭曲的後果。

扭轉企業文化，先量變再質變

我雖然身為中國惠普總裁，但是改變一個文化是數量多寡的競爭。單憑我一個人的職權和影響力，對抗六、七百人，失敗是必定的結果。

為了扭轉局面，在一九九二年七月一日、中國共產黨的建黨日，我藉著這個時機召集公司的黨員開會。在會議上我提出了一個問題：「究竟是誰代表中國惠普？」當中國惠普在員工班車上受到批判的時候，究竟是誰代表中國惠普，應該站出來為公司做辯護？可想而知，所有參與會議的黨員們都沉默無聲，場面一片死寂。於是我提出了我的三個代表的理論。

一、**管理階層：**只要是擔任管理職，有管理人的責任，都應該代表公司，否則他就不配坐在這個位子上面來管理員工。

二、**頂尖五%的員工：**在績效考核上拿到最優評價、前五%的員工，就是公司的模範員工。既然他們是大家學習的榜樣，理應要代表公司。

三、黨員：加入政黨從事革命的人，通常都是勇於為理想犧牲自己的人，所以社會上普遍對於自願加入政黨的人都相當尊敬。尤其當時共產黨挑選黨員標準極高，因此黨員成為社會精英也是理所當然。在中國惠普，我期望黨員能夠成為員工的表率，在員工不當地批判公司的時候，能夠代表公司站出來說句公道話，幫助公司扭轉風氣，撥亂反正，產生一股正面的力量。

我的這番話，在大會裡得到了很大的迴響和支持。因此我進一步在管理層會議和員工大會，廣為宣傳公司三個代表的論述，得到了大多數員工的認同。這些代表們也的確在許多改革政策上支持公司，使我推動的變革得以順利開展。

隨著支持的人數不斷的增加，中國惠普的價值觀和文化也就慢慢地改變了。這是我親自發動，影響群體來產生量變，再由量變導致企業文化質變的例子。

要改變企業文化或社會風氣，絕對不是單單依靠權勢就會發生，一定要先量變才能導致質變。如何巧妙結合上述的兩股力量，這是領導者必須面對的重要課題。

19 權力的空間：真假與是非之間的模糊

臉書朋友吳秉輯分享了我談「真假」和「是非」的兩篇文章，並且貼文評論如下：

真假、是非。
世界若只二選一，可能不是不好就是大壞。
總是有模糊、灰色的地方，
也有在結果論之後才去評斷。
一個人有判斷力真是重要！

就讓我藉上面這段話做個引言，在「說真假」，「論是非」之後，再來談一下「模糊」吧。

權力越大，模糊空間要越大

在我四十年專業經理人職業生涯當中，我有過兩位美國的導師（Mentor）。先說第二位吧，他就是將我招聘進入德州儀器的前董事長兼執行長——湯馬斯．延吉布斯（Tom Engibus）。目前他還應張忠謀的邀請擔任台積電的獨立董事。

延吉布斯先生曾經跟我說過，在一個跨國大企業裡面工作，想要往高處發展的話，一定要留在主流產品和主流事業部門裡面。這句話給我的啟發非常大，也讓我得到一個結論：大企業不會創新，因為一流人才都在做主流成熟期的產品。

我的第一位美國導師，則是在八〇和九〇年代在惠普擔任洲際總部總裁的亞倫．貝克爾先生。是他挑中了我、並且為我量身訂作四年的培訓計劃，完成後送我到北京擔任中國惠普第三任總裁。

貝克爾先生曾經跟我說過一句話，對我的職業生涯也影響非常大。他說：

在一個跨國大企業裡面服務，職位越高，權力越大，模糊的空間就必須更大。（In

a multinational company, the higher position you get, the bigger power you have, the greater ambiguity you have to be.)

Ambiguity意指說話模稜兩可，或是指模糊地帶。

一九八九年，我當時三十七歲，在惠普總部工作，意氣風發；聽到這句話，真的不太瞭解他的意思。當時我認為真假是非應該黑白分明，不應該有任何模糊的空間。

五種「模糊」的力量

為什麼貝克爾先生要跟我講這些話，他是在勸我嗎？

在他身邊工作了兩年，又經歷了許多事，我才慢慢理解，為什麼越高階的主管，要越加的「模稜兩可」。

一、來自懷疑的福利

身為高階主管，難免會聽到許多類似告狀的片面之辭；通常都是針對你的屬下，總會有些不利於他的消息傳過來給你。這時，你就必須給你屬下一個「來自懷疑的福利」（Benefit of Doubt）。

不要聽片面之詞，也就是對於你的屬下的批評和指控，不要照單全收，一定要給他們一個自我解釋或澄清的機會。在還沒有聽到你的屬下解釋之前，不要對他們產生既定的立場、或是不好的印象。

也就是說，不可以未審先判。

二、不要直接加入戰團

在工作環境裡，難免會碰到你的屬下之間、或是你的屬下和其他部門的員工之間，發生了不同的意見或矛盾。這種狀況有時候僅止於爭吵，有時候會撕破臉，有時候會雙方各執一詞，都來尋求你的支持。

這個時候，你千萬要小心、要注意：不要急著選邊站，更不要跳進拳擊台的繩圈

（Don't Jump into the Boxing Ring）裡，為保護你的屬下而跟對方交戰。就如同當教練的，也不能因為心急就跳上臺去變成選手。

這時候，即使你打贏了，人家說你官大權勢大，沒有風度地跳進戰爭裡，終究也是輸了。如果你跳進繩圈還輸了，那更是賠了夫人又折兵，連作為一個高階主管的形象都喪失殆盡。

三、優缺點是一體的兩面

有時候說真假論是非，可以很輕易的判斷並發現屬下的缺點。作為一個主管和領導，最重要的是怎麼樣把員工的優點擴大發揮在工作上，而不是學著當一個心理醫師，去改善員工的缺點。

優點和缺點通常是一體的兩面，當你把員工的缺點糾正以後，很可能他的優點也就不見了。

我曾經碰到過許多能力強悍、擅於開疆闢土的員工，但是反過來，他們通常是粗枝大葉、不重細節，因此也常常因為粗心大意，而犯下一些不應該犯的錯誤。

作為主管的你，能夠說真假、辨是非，對於員工的優缺點心知肚明，但是你是否要黑白分明地跟員工計較到底呢？這就要靠你的智慧了。

四、事有輕重緩急

過去的惠普公司為了給顧客一個很專業的形象，因此要求我們的業務人員一定要穿西裝打領帶，表示對客戶的尊重。

在八〇年代初期，我在台灣惠普剛剛晉升為第一線的業務經理。我屬下有一位非常能幹的業務人員，不但客戶滿意度很高，也經常達成、甚至超越業務目標。

這位業務人員有個怪癖，就是在穿黑色西裝和深色皮鞋的同時，總是穿著一雙紅色的襪子。當我陪同他出去拜訪客戶的時候，每次坐下來交談，不僅我會被他的紅色襪子吸引注意力，我也注意到客戶的眼光也不時飄向那雙刺眼的紅襪子。

當時我是一個沒有什麼管理經驗的主管，認為我有責任去糾正他，於是我找他很嚴肅地坐下來談，並且要求他遵守惠普的服儀規定，盡量穿深色的襪子。

天曉得，惠普有什麼規定不允許員工穿色彩鮮艷的襪子，而我其實也不瞭解這雙紅襪子背後是否有過什麼故事。

在我跟這位業務談過之後，很明顯的，他的士氣下降了，業績也下降了。不到半年之後，他離開了公司。事後回想起來，我認為我犯了一個很大的錯誤，至今也沒有機會跟他道歉。

五、向上看或向下看

當我們剛加入一個大企業，用學歷敲開了金字塔最底層的大門以後，我們就很習慣向上看。

向上看，主要是因為我們是最基層，二來是因為我們關心在主管心目中的表現和印象。向上看，就是看老闆們的臉色。

可是，隨著我們立下戰功，不斷地在金字塔中往上晉升，職位越來越高，權勢也越來越大，我們就必須要改變向上看的習慣，轉而向下看。

我們要瞭解，身為高層主管，我們隨口講的任何一句話，都有可能對於低階的員工造成很大的影響。好的方面或許可以激勵他們，壞的方面是打擊了他們的信心，甚至影響到了他們的家庭。因此我們說話時不可以不慎重，有時候保持一定的模糊空間，也是有必要的。

舌頭雖然柔軟，傷人更甚於刀劍。我的父親在我小的時候經常教訓我：「打人不打臉，罵人不揭短」，意思就是永遠要為對方保留一個面子。

在今天的網路世界，年輕人罵人越來越沒有顧慮，常直白地罵人；再加上網路的傳播，它的威力哪是刀劍可以比？殺傷力簡直和機關槍、大砲一樣。

身為一個跨國大企業的高層，嘴裡說出來的話，也必須非常的謹慎，因為殺傷力更甚於一般人。

一法通，萬法通

其實，在企業環境裡，和在政府環境裡，許多道理都是相通的；回想起過去許多任總統和政府官員，他們也都犯了我在這篇文章裡面所提到的錯誤。

當犯錯的人職位越高，權勢越大的時候，造成的後果，更加令整個社會和國家動盪不安。或許我們的總統、官員、立法委員、政治人物，也都應該有他們的導師，來提醒他們注意這些事。

官大不見得學問大，官大更不見得就是各個領域的專家。這些官員的第一個身分，無非就是一個「人」；而只要是人，就會有私慾、就會犯錯，就需要有人來扮演他們的導師。

所以在今天的網路時代，我回想起亞倫·貝克爾先生關於「模糊」的這席話，心裡的認同和感觸更勝以往。

20 「四兩撥千斤」的三個管理小故事

有許多臉書上的朋友跟我反應，我發表的文章多屬於管理和實務經驗的真實案例，但每篇文章讀起來都比較生硬，需要反覆思考和消化，建議我不妨改為寫些比較輕鬆的話題。

我就從善如流，把我過去三十多年專業經理人生涯所發生的真實小故事，寫下來和大家分享。

比爾．惠利特：讓員工記得這裡是最好的公司

一九九二年初，我從美國加州搬到北京就任中國惠普總裁的新職務，不久就迎來了第一件大事。

時年接近八十歲的惠普兩位創辦人之一惠利特先生，參加了史丹佛大學同學舉辦的一個絲路之旅。他們遠從美國來到北京，租了一輛專用火車車廂，從北京出發一路前往新疆。

藉著他來到北京的時候，我邀請他到中國惠普總部來參觀。由於知道惠利特先生特別喜歡和員工見面交談，因此我請人資安排，選擇了各部門的代表大約二十人和他進行座談。

當時，由於中國惠普是個合資公司，員工的工資不能和中方股東（也就是國有企業）的員工差距太大，而住房等福利又沒有辦法如中方股東的員工享受得那麼好，因此員工的離職率非常高，超過一百%。

在座談會當中，就有員工提出了這個問題，問惠利特先生：「公司留不住人才，離職率超過一百%，請問公司應該如何改善這個情況？」

員工和我都心知肚明，員工期待的回答，不外乎公司應該大幅的提升工資，以便留住人才。可是惠利特先生的回答，卻出乎我們所有人的預料。他這麼說：

每一個員工離開惠普的原因都不盡相同，我們也無法留住所有的員工。但是我們一定要做到，即使員工離開了惠普，仍然認為惠普是最優秀的公司。

這段話對於自許身為專業經理人的我，印象非常深刻。我們或許無法留住所有的優秀人才，但是我們的責任就是要讓惠普成為員工心目中最優秀的公司；即使員工離開了以後，還是會這樣認為。

大衛．普克德：因為人不完美，才需要選舉制度

一九九五年中，我邀請惠普創辦人之一的大衛．普克德先生到北京來訪問，當時普克德先生已經八十三歲。我除了安排總書記江澤民先生和普克德先生見面之外，在緊湊的行程當中，也安排了北京市一位副市長和他見面；副市長藉著這個機會，跟普克德先生提起了當時的一件大事。

副市長請教普克德先生，為何美國總統允許李登輝先生回到他的母校康乃爾大學

去發表演講，藉機倡議兩國論？這件事對於中美之間的友誼有很大的負面影響，副市長希望普克德先生回到美國之後，能夠發揮他的影響力，「仗義直言」糾正美國總統這種「錯誤的決策」。

透過我的翻譯，普克德先生聽完以後點了點頭，然後回答：「美國人知道，透過選舉選出來的總統未必是最英明的，他所做的決策也未必都是最正確的。所以美國人民可以每四年就再選舉一次，選出一位更好的總統。」

我非常驚訝普克德先生能夠如此回答一個這麼困難的問題，而這正是英明睿智的最好例子。當時這位副市長聽了普克德先生的回答以後，啞口無言，沒有辦法再繼續這個話題。

朱鎔基：美國線上是否要考慮先改公司名字？

一九九九年正逢中國大陸建國五十週年，十月一日特別在北京舉行了閱兵大典。政府廣邀各國的貴賓到北京參觀，當然免不了要邀請世界五百強的執行長。我當時擔任德州儀器的亞洲區總裁，特別安排了當時的執行長兼董事長湯馬斯・延吉布斯先生來到北京，參加這個非常難得的盛會。

在閱兵大典的前一天，時任總理的朱鎔基先生和二十幾位全球五百強的執行長舉行了座談會。由於只限執行長參加，因此我沒有辦法陪同；事後我從延吉布斯先生那邊聽到了他敘述座談會當時的情況。

所有參與總理座談會的執行長們都穿了正式的服裝，唯有美國線上（America Online，AOL）的執行長史蒂芬・凱斯（Steve Case），穿著襯衫和牛仔褲與會。延吉布斯先生覺得這樣非常不合宜。

如果各位朋友對於美國線上這家美國最早網路公司之一不太熟悉，可以上網搜尋一下它的歷史和它的創辦人史蒂芬・凱斯，就會瞭解美國線上和史蒂芬・凱斯在一九九九年有多麼紅。

美國線上在一九九八年收購了CompuServe和ＩＣＱ、一九九九年收購了網景（Netscape）。年輕的一輩也許還聽過ＩＣＱ，但是應該有很多人沒有聽過網景；簡單地說，網景就是最早被普遍使用的網頁瀏覽器之一。

二〇〇〇年，如日中天的美國線上宣布與傳媒巨頭時代華納合併，出資一千六百四十億美元收購後者。當時兩家公司合起來的總市值高達兩千八百億美元，是當時世界上市值最大的傳媒公司。

美國線上當然不會放過中國大陸這個廣大的市場，很早就開始在中國布局，因此史蒂芬·凱斯也被邀請參加了閱兵大典和總理座談會。史蒂芬·凱斯出席總理座談會時，不僅以隨意的服裝流露出輕蔑和自大的態度，而且在座談會中更不客氣的直接質問朱鎔基總理：

中國政府對於互聯網和內容的嚴密監管，和對於本土互聯網產業的保護，導致了美國線上在中國無法像在美國一樣的快速成長發展；這對於中國互聯網用戶來講，也是不利的。希望總理先生能夠對於互聯網產業在中國的發展，採取更開放的態度。

朱鎔基總理這樣回答：

對於美國在線到中國來投資發展，中國政府表示歡迎；但是史蒂芬先生是否要考慮先改公司名字？試想，如果一個中國互聯網企業到美國去發展，名字叫做中國在線，那麼美國的互聯網用戶會做什麼感想？

三個「F」的回答技巧

這三個小故事，都有異曲同工之妙。我們在公開場合，經常會面臨挑戰和反對。這三位先生都是我非常尊敬的長者，他們都不直接回答這些意有所指的困難問題，也不會和提問者產生任何衝突和爭執，反而趁著這個機會，宣揚他們的理念和價值觀，四兩撥千斤地回答了這些問題。

我們或許沒有這三位長者的智慧，但是在公開場合面臨著反對意見（Objection），是有一些小技巧可以用來應付的。其中我最常使用的技巧就是三個F：**瞭解感覺**

（Feel）、過去認為（Felt）、後來發現（Found）。

當你在演講、簡報、或是會議發言的時候，有人發言或提問，公開反對你的意見，你可以使用這個技巧，避免衝突而且可以讓對方比較容易接受你的解釋和理由。

你可以這麼回答：

我瞭解你的感覺，過去我也是這麼認為。但是在○○以後，我發現……（I know how you feel. In the past, I felt the same; but after xxx, I found…）

前面兩句話非常重要，首先讓對方覺得你充分瞭解他的感覺、想法、或是意見；他的想法並不奇怪，因為在過去，你的想法跟他一樣。簡單的幾句話，就把你和對方從對立的角度，變成在同一陣線。

然後「……」的部分，就是讓你開始解釋或是更仔細闡述你的意見。

下次面臨到這種場合的時候，朋友們不妨試試用這樣一個回答的方式來應付。

AOL的衰退

在二〇〇六年四月三日，美國線上時代華納公司正式宣布不再使用它的全名（America Online），而被「AOL」取代；二〇〇九年，AOL正式宣布退出中國市場。

另外，二〇〇〇年美國在線和時代華納合併完成後，史蒂芬．凱斯擔任AOL董事長；但好景不常，合併完成之後股價不停下跌，在二〇〇二年市值蒸發掉了一千億美元。史蒂芬．凱斯在二〇〇三年失去了董事長的職位，只擔任董事；在二〇〇六年，他連董事職務也辭去了。

AOL在二〇〇九年重新分拆上市，但市值比起二〇〇〇年的全盛時期蒸發掉了九十八%。

21 把你現在的工作做到極致

有位臉書朋友向我請教，說他現在已經在做財務分析的相關工作了，但很糾結於是否應該出國再念一個財務碩士的學位。他提到，想要出國念書的目的有兩個：

一、希望能夠藉由此學位，找到外商在區域總部或全球總部的財務分析工作。

二、滿足自己想要出國念書的人生規劃。

他另外還有一個顧慮，就是經濟問題；出國念這個學位要花很多錢，從投資報酬率來講，究竟是划得來還是划不來？

學歷只是敲門磚

我給他的建議是：學歷只是一個敲門磚，可以敲開大企業金字塔最基層的門；一旦進入了企業以後，需要靠自我學習、自我管理、自我激勵，利用自己的能力往上爬。不管你有什麼學歷或專業經歷，一旦進入大企業之後，一切都會歸零。只有你個人的能力和工作績效，才能決定你的前途。

如果你把出國留學讀書當成一個投資，要用投資報酬率來計算，那麼就想錯了方向。如果你把出國念書要花的錢、時間、機會成本全部加在一起，絕對不如你在大企業裡努力工作、往上爬金字塔的回報大。

另外，財務分析、資料科學（data science）等等學問，都可以在企業做事的時候邊做邊學，未必一定要到學校去才學得到。以我自己為例，新竹交大畢業，沒有出國留學，直接加入美商惠普台灣分公司，憑自己的能力和表現幹到惠普美國總部、再外派到北京擔任中國惠普總裁。在惠普總部的兩年期間，還是惠普出錢要求我在白天工作、晚上去念了一個正式的ＭＢＡ學位。

後來我離開惠普，加入美國德州儀器公司擔任全球副總裁兼亞洲區域總裁，也從來沒有人問過我的學歷。

進企業的好消息與壞消息

我過去經常跟大學剛畢業的朋友們分享我的觀點：不管你最終得到什麼學位，一旦加入企業工作，就有一個好消息和一個壞消息。

好消息是，過去在學校裡，你必須付錢才能夠學習，但加入企業工作之後，是企業付錢給你來學習。

壞消息是，不管你最後的學歷是什麼，不管你在學校的成績有多好，一旦加入企業工作，一切就歸零從頭開始，從此以後只看你的能力和表現。

這個壞消息，對於學歷不是很好、在校成績也不是很好的人來說，可能反而是一個好消息。因為進入職業生涯之後，一切都可以從頭開始。

我的大兒子從洛杉磯加大（UCLA）拿到計算機博士學位以後，加入了雅虎總部工作，負責做行動應用軟體的開發。由於他的軟體開發技術能力非常強，加上工作績效非常好，因此公司提升他擔任管理職，管理一個軟體開發部門。

擔任管理職六個月以後，我兒子決定回到技術開發的工作崗位，不再擔任部門經理。他的理由是，擔任部門經理以後，他無法掌握軟體開發技術，讓他覺得沒有安全感。

我當時跟他講過這個道理：一旦加入大企業以後，就是全心全力往上爬企業金字塔；雖然很多大企業都有管理階梯和技術階梯的雙軌制，但技術階梯還是有一個極限。

而且，在大企業攀爬金字塔還有一個現象，那就是一旦你爬到了某個高度、擔任某個高階職務，即使將來獵頭公司來挖你，也不會以低於這個職務的頭銜來跟你談。

當時我兒子對這個說法聽不太懂、也聽不進去，所以他還是堅持回到軟體開發的技術工作崗位上；雖然如此，他在技術方面的表現還是非常出色。

由於雅虎在那段時間公司非常動盪不安，股價表現也非常差，公司人才不斷的流失，所以在工作五年後，我兒子也被許多獵頭公司看上了。經過許多的討論和選擇，我兒子決定加入一家中小型未上市公司，成為行動終端軟體開發部門的主管，管十幾個軟體開發工程師。

在主流中往上爬

我在擔任德州儀器亞洲區總裁的期間，招聘我進去的董事長兼執行長湯馬斯．延吉布斯先生，某天在閒聊時有感而發，告訴了我一件事。他說：

在跨國企業裡工作，你得待在主流路線。（Working for a multinational company, you have to stay in main stream.）

他的意思是，在一個大企業裡面工作，一定要在主流產品或主流業務部門工作，才能夠有發展、才有機會爬到企業金字塔的頂端。

我兒子加入的這家中小型企業後來上市了。可惜的是，他任職的行動終端軟體開發部門，並不是公司的主流業務，因此即使在四年之後，這個部門一直維持在十幾個人的規模。但由於部門的績效很好，所以我兒子也不以為意。

矽谷的獵頭公司非常活躍，大企業和初創公司天天都在找人才。我兒子在行動終端應用軟體開發領域小有名氣，因此經常接到獵頭公司來的電話。這家公司雖然已經上市了，但是一直沒有很大的發展，所以我兒子也開始認真考慮是否應該要換家公司。

昨天他從美國打電話給我，由於最近跟獵頭公司接觸很多，他的想法已經改變了。他現在同意我過去給他的建議，應該要追求更大的「工作領域和範圍」（Job scope），因為每個獵頭公司都問他同樣的問題：他管理的部門有幾個人？

當他回答只有十幾個人的時候，獵頭公司的人似乎就興趣缺缺了，而且這個條件可是會直接影響工作職稱和年薪的。

衡量工作重要程度的因素

「工作領域和範圍」可以由三個因素來衡量：

一、你所管理的部門的總人數。

二、你的部門對公司營收和獲利的影響。

三、工作的複雜程度（Complexity）。

第一個因素顧名思義，就是要負責人數多的大部門。

第二個因素則跟你是不是在「主流產品或業務」上有關係，只有待在主流產品或業務部門裡，才會對公司的營收和獲利產生巨大影響。我兒子現在的部門由於不是主流，因此沒有發展的潛力、對公司的營收和獲利也產生不了較大的影響。也就是說，他在目前的公司已經碰到了他的玻璃天花板（Glass ceiling）。

當你在企業的金字塔中一路往上爬時，你的工作複雜度就會不斷增加，但專業經理人常常會碰到一個「雞生蛋、蛋生雞」的問題。我的建議是「機會給的是有準備的人」，專業經理人不應放過任何增加工作複雜度的挑戰和機會，也不要斤斤計較於公司給你的回報是不是值得你這樣的付出。

掌握手上的機會

專業經理人經常犯的另外一個錯誤是，往往喜歡設定了一個目標，就努力去追求，而忘了要把現在的工作和公司交付的任務做到卓越的地步，這就是所謂「眼高手低」的錯誤。

因此，我給有志於成為專業經理人的朋友另一個提醒是：你所努力追求的機會，往往不如自動找上你的機會來得更好。

你自己設定的目標或機會，往往給你帶來兩個壞處：

一、路越走越窄，而不是越走越寬。
二、往往太專注於追求目標和機會，而忘了現在的工作表現才是你成功的關鍵。

許多朋友經常問我，我在專業經理人的路上非常成功，那麼過去的職業生涯規劃是怎麼做的？

說老實話，我根本就沒有做任何職業生涯規劃。在我過去四十年的職業生涯裡，許多重大的機會和轉折都是出乎意料之外；這些機會的出現，全是因為我在當時的公司職務表現非常好，因此名聲就在業界傳出去了。

讓我總結一下今天這篇文章的三個重點。要作為一個成功的專業經理人，第一是要瞭解「學歷」和「學位」只是一種敲門磚，或許能幫你打開企業金字塔的底層大門；一旦你進去之後，公司只會看你的能力和表現。

第二，在大企業裡就是要爬金字塔，要爭取更大的工作領域和範圍，才能順利往金字塔的頂端一路晉升。

第三，要成功登頂金字塔的關鍵，在於把你現在的工作做到極致。如此一來，無論是金字塔內部、或是外部的機會就會主動找上你，而且往往出乎你意料之外的好。

Part 3

產業趨勢變動的再思考

22 從製造業思維看合理化經營

由於惠普的培養，我於一九九〇、一九九一年在美國加州灣區上班時，晚上去聖塔克拉拉大學進修拿到ＭＢＡ，因此我特別能夠理解理論與實務經驗結合的重要性。

以財務三表的損益表為例子，我在職業生涯中就用的很多，是我在管理上不可或缺的重要工具之一。而這些應用是在學校上課時學不到的。

損益表最簡單的表現方式，就是「利潤＝營收－成本」。稍加展開就是：

利潤＝營收－製造成本＊－管銷研費用

其中，「營收－製造成本＝毛利」。

學過財務的人，都知道這些基本道理。那要如何用在管理上呢？

依據損益表公式，組織可以分別分類成三種預算中心：

一、**利潤中心：**負責營收和獲利目標。

二、**成本中心：**負責管控製造成本。

三、**費用中心：**負責管控管銷研的預算、目標的訂定、執行與達成。

利潤中心

利潤中心通常是由產品線部門擔當，因為他們負責整個產品線的規劃、整個產品生命週期的管理。做為一個企業執行長，最難的工作之一就是訂定利潤中心的營收和獲利目標。

營收來自新產品和現有產品、新客戶和現有客戶。我只舉比較成熟穩定的現有產品和

*編注：製造成本（Cost of Goods Sold, COGS）有時也被譯為「售出商品成本」。

現有客戶為例，這一塊是企業的持續現金來源（cash cow），一定要追求營收獲利成長。

在營收成長率中，必須包括產業成長率加上市場份額的成長目標。而積極爭取營收成長，勢必要在價格上競爭，但如何確保獲利呢？由於這是成熟穩定的業務，獲利要來自效率的提升。這就要靠預算的訂定、執行、管控了。

我通常使用的經驗法則（rule of thumb）是：一旦營收成長率定了，比如說二十％，那麼費用成長率不得超過十％，人員成長率不得超過五％。因為人是費用的主要來源，人也是生產力、效率的來源。

人員是成本提高的源頭，但也是提升產能的關鍵。

成本中心

接著談談成本中心，通常是生產製造部門。在不影響產品品質和可靠性的前提下，成本中心要追求降低成本。這個對製造業廠商，不管是代工或ＯＤＭ（Original Design Manufacture），都格外重要；對於傳統產業，也是核心競爭力的關鍵。

本文先不提高科技電子產業如何靠製造賺錢，而是舉個傳統產業例子做參考。我在一九八〇年代引進惠普技術，幫台塑南亞在桃園南崁蓋了第一座印刷電路板（Printed Circuit Board, PCB）製造廠，有幸接觸瞭解許多台塑的管理模式，其中最有名的就是「合理化運動」。

合理化運動雖然許多人耳熟能詳，但真正瞭解的人並不多。其實在石化塑膠的傳統產業要能勝出，就要靠管理和自動化來降低成本。所謂「合理化」，就是給你一個不合理的目標，逼得你要跳出常規的框框，產生創新創意的流程改善和自動化，來達成這個看似不合理的目標。

然而，台塑集團也不是只給事業部不合理目標就放手不管。他們在集團中央總管理處下設自動化小組，結合自動化專家和資源，協助下屬單位成立各種自動化專案，以達到降低成本、增加營收獲利的目標。

費用中心

最後談談費用中心。預算在毛利裡面支出的部門，包括管理、銷售、研發，都是費用中心。

我管理費用中心經常用的方法，就是「偷雞也要蝕把米」。米就是部門的費用預算，到底要蝕多少米？雞就是部門目標，雞在哪裡？值得不值得偷？偷就是行動計劃，怎麼偷？偷得到、偷不到？

不同於成本中心永遠追求降低成本的目標，費用中心的費用預算太低的話，反而會傷害到短、中、長期的營收和獲利。

台灣的製造業，尤其是電子代工業，由於彼此的殺價競爭以追求營收和規模，出現了施振榮先生說的「微笑曲線」現象，導致電子製造業毛利只有三％、四％的「茅山道士」（毛三到四）現象；經濟不景氣時則得拼保一、保二，甚至虧損。沒有了毛利，只有砍成本，更別提投資研發及品牌的長遠競爭力了。

服務業不同於製造業，應該是以創新創意創造價值來得到利潤；因此製造業追求降低成本，服務業追求價值創造。製造業的成本中心是營收獲利的主要來源，服務業的費用中心則是創造價值的關鍵。

製造業思維對其他產業的影響

由於電子製造業佔台灣GDP的比重太大，對台灣的各種產業都產生了巨大影響，形成了台灣的一種特殊製造文化。

食品業雖然是一種傳統產業，但是食品業的毛利很高，因為食品的研發、品牌、通路等都是一種消費者的價值創造，材料成本從來不是食品業的主要成本。但是近來台灣的食安問題都來自於業者的「製造思維」，一味的追求降低成本，不顧及食安問題及企業的風險和形象。

餐廳從任何角度看都是服務業。餐廳要賺錢，就要靠回頭客；回頭客除了看上餐廳的美食之外，服務更是吸引他們回頭的主要因素。中國大陸有名的「海底撈火鍋連鎖餐廳」，靠的就是超乎客戶期待的「服務」。

台灣之光的鼎泰豐餐廳，日前發生一起事件上了新聞版面。一位顧客爆料，要求炒飯加醬油，鼎泰豐要加收五十元；媒體報導之後，鼎泰豐惱羞成怒，在媒體上宣佈，即使客戶要付錢，也不接受任何客戶的特殊要求。

這個或許可以說鼎泰豐是店大欺客。但是我認為深層的原因是「製造思維」的影響所及，已經進入服務業了。

製造業講求「六個標準差」（six Sigmas），這個最早由摩托羅拉提出的品管統計理論，已經廣受製造業奉為準則。但是服務業講求的是「殊途同歸」，每個客戶的要求都不盡相同。以上觀點，有興趣的可以去買一本《人性也有標準差》（Human Sigma），書中詳細敘述了「製造業的六個標準差」和「服務業的人性標準差」的區別。

鼎泰豐基本上已經把自己定位為製造業，它的炒飯是按照SOP製造出來；客戶不能夠有自己的口味嗜好，鼎泰豐已經幫你決定了你的口味——這就是標準的製造業者的量產思維。服務？客製化？門都沒有。

提到SOP，馬上聯想到柯P。是否全天下的管理，甚至包括公僕的政府機關，都是只靠SOP一味藥方就能夠解決？到此各位或許也可以看到一些端倪了。

23 製造業以降低成本創造利潤的實務

創造利潤的方法不外乎開源（增加營收）或節流（降低成本）。但業者在競爭激烈的市場中，經常打價格戰搶訂單，淨利越來越低。

如果產品單價是一千元，營業利潤率是一％，要增加營業利潤一百萬元，則要多銷售十萬個產品。所以如果能夠降低成本一百萬萬元，等於直接增加營業利潤一百萬元。對於業者而言，降低成本直接轉為營業利潤（Profit from Operation, PFO），比起在紅海市場裡殺價競爭有效而且容易多了。因此，降低成本的誘惑力確實很大。

又由於現今的電子製造業已經處於毛三到四、保一保二的市場競爭環境，在不能砍管銷、研發費用的前提下，只有想法子降低製造成本。

但是，如果採取不當方法，例如以低價、影響品質或者用戶安全的原材料來取代，就會對公司造成傷害；最近的食安問題就是個活生生的例子。

提高效率的良方

一個製造業者，如何在低毛利的大環境中，利用降低成本創造利潤？

我們先來看看銷貨成本的構成：

一、**變動成本**：包含直接材料、直接人工、直接製費，和損耗。

二、**固定成本**：包含間接人工、折舊、租金、水電氣等。

在電子製造業，材料成本佔了很大一部分，但是由於電子代工業的供應商大部分需要原廠批准，很難替換，損耗、折舊、直接與間接人工佔剩下的成本比重很大。

我在這裡建議四個做法，不僅能合法降低成本，而且強筋健骨，增加企業的競爭力。這都是我實戰經驗的分享，理論基礎仍然來自損益表。

在學校可以學到理論和框架，就業或創業後就要靠自己的創意和執行力，希望這些分享對製造業的朋友們有所啟發。

一、提高良率，降低損耗

大部分業者都知道這個做法，也都在實踐，但是在製程設計上都還有改善空間。要知道，製程越長、工站越多，直通良率就越低、損耗越大。我在富士康時，會親自巡產線、詢問每個製程步驟的必要性，務必做到製程最短。

二、檢討線平衡

每一條生產線都是由不同廠商的設備組成的。這些設備的「每小時產量」（Unit Per Hour, UPH）都不同，因此生產線每個設備工站的每小時產量，務必要設計到相同，以避免產能浪費、降低設備投資、減少折舊費用。

三、高稼動率*

做到了線平衡，但是產能稼動率低的話，也是白搭。因此下一步一定要提高產能利

*編注：稼動率（Availability）為「實際工作時間和計畫工作時間（負荷時間）的百分比」，是一種評量設備效率的指標。

用率及貴重設備的稼動率，這個就和報價策略有很大的關係。

業者容易犯錯的地方是，沒有仔細瞭解損益表，在生意不好、稼動率低的情況下，銷貨成本增加，報價堅持目標毛利率，價格越高越沒有競爭力。

四、產能平準化

電子產品有季節性，加上激烈的競爭，因此造成每月出貨量高低落差很大。如果做不到產能平準化，也就是維持平穩的出貨量，就會增加直接與間接人工成本（因為出貨量低時有多餘的閒置人力），降低產能稼動率，增加設備折舊。

如何使產能平準化？以下提供幾個簡單建議，可以任意組合。

- 跟客戶談在淡月時預建庫存應付高峰。
- 找外包廠做蓄水池，應付高峰出貨期。
- 找穩定大客戶的訂單來「打底」，使得在波動幅度不改變的情況下，讓波動的百分比變小。

24 從「降低成本」看台灣電子代工業的問題與機會

最近台灣在網路上有許多的討論針對電子組裝代工業（Electronic Manufacturing Services，EMS），彷彿代工業是導致今天台灣經濟衰退的主要原因。許多人呼籲，台灣電子代工必須轉型、研發自己的產品和品牌，以創造更高的市值和獲利。

在這些討論之中，電子代工業裡面廣為採用的「降低成本」（Cost Down）措施，彷彿成了罪魁禍首、人人喊打的過街老鼠。

這篇文章的目的，在於澄清電子代工業並非今日台灣經濟停滯不前的罪魁禍首，降低成本也不應該是人人喊打的過街老鼠。

代工本身無罪，罪在大企業的心態和策略；政府也有同樣的心態，無形中也成了推波助瀾的力量。

降低成本也沒錯，錯在「降錯成本」，因此造成今天台灣嚴重的勞資爭議。

「降低成本」與「創造價值」並非互斥

許多主流意見認為台灣電子代工是罪魁禍首，降低成本更是不應該採取的做法。我不想與主流意見為敵，但也不想看到降低成本被污名化，因此今天甘冒大不諱，從不同的角度來解釋一下目前電子代工業陷入的困境。

我首先想說的是，「降低成本」與「創造價值」並不是互相排斥的做法。這裡所謂的降低成本，是製造業的成本中心，透過提高效率來增加產出；利用創意改變材料和製程，達到「品質不降低，但整體成本降低」的做法。

這種降低成本的方法，其實也是為股東和員工創造價值、提高毛利率，和品牌通路所創造的價值是一樣的。

許多傳統產業仍然採用大量的人力，因此利潤率越來越低。如果能夠加速投資自動化和互聯網，可以大幅度地降低成本、提高競爭力、增加利潤率，這樣有何不好？

總而言之，正常的降低成本措施，並非來自剝削勞工的福利、壓低勞工的薪資，或是增加勞工的工作時間。

電子代工業的困境

接下來談談造成台灣電子代工業今天面臨困難處境的主要原因。

一、「抓大放小」的策略，一味追求營收成長和規模擴大。

台灣電子代工業五哥，包括鴻海、廣達、仁寶、和碩、緯創，幾乎都用同樣「抓大放小」的策略，瞄準ＩＴ產品和手機產品的一線品牌商捉對廝殺，以爭取大品牌的代工製造訂單。

這些大品牌商也完全瞭解這樣的一個競爭態勢，充分地利用彼此殺價競爭，來得到低成本的代工服務。

舉一個在業界非常有名的例子。過去廣達和仁寶兩家公司，在爭取戴爾（Dell）的筆記型電腦代工訂單時，競爭就非常激烈。當時戴爾的筆記型電腦分兩大類：「商用型」和「消費型」，而廣達和仁寶已經各取得一類的代工訂單。

戴爾為了更進一步地殺價，同時向這兩家公司要求報價，以爭取對方已經佔據類別的代工訂單。由於廣達和仁寶都有擴大營收和市佔率的企圖心，因此雙方競相降價，想要殺入對方的地盤。

結果是，雙方互換代工產品，但價格和毛利卻大大的降低了；戴爾則利用這種手法，將兩家公司玩弄於股掌之中。

二、依靠政府的優惠政策，降低成本，弱化了自己的競爭力。

我在〈別讓成本優勢減損企業核心競爭力〉這篇文章裡提到：

一個企業的整體競爭優勢，應該來自於組織的經營管理和效率、核心技術和產品、成本管控等等，這些才是一個企業真正的核心競爭力。

依靠總部資金優勢、利用政府補貼、壓低勞工薪資或鼓勵勞工免費加班等等措施，短期看來是有利的，但是長期來看對企業整體競爭力是有害的。

抓大放小的策略促成了殺價競爭的局面，電子五哥紛紛在海峽兩岸向政府爭取優惠和補貼。但在彼此的殺價搶單之下，最終受惠的還是一線品牌廠商；這些優惠和補貼，最後還是輾轉進入了他們的口袋，降低了他們的製造成本、增加了他們的毛利。

三、「垂直整合」的策略，造成整機組裝部分不惜虧損經營。

電子五哥當中，除了鴻海以外，都是做整機組裝出身的。基本上都是從印刷電路板的表面貼焊製程（Surface Mount Technology）開始，直到整機組裝測試、彩盒包裝、出貨結束。

但是，鴻海是由連接器、線纜、機構件、機殼等等起家的，然後才殺入電子代工製造領域。鴻海很自豪地將這樣的一個垂直整合模式稱為「零組件模組化快速出貨與服務」（Component Module Move Service, CMMS）。

這樣的一個新模式，顛覆了整個傳統的電子組裝代工業，但也讓已經在為生存掙扎的電子代工業雪上加霜。

由於電子零組件和機構件的毛利，一向高於最終的組裝代工，因此鴻海充分抓住這個總體成本和價格優勢，以整體成本優勢搶單，佔據了整機組裝的山頭，引進零組件，增加每台的營收和獲利金額。

其他的電子四哥只好紛紛跟進，模仿鴻海的CMMS垂直整合策略，併購機構件和機殼廠；有的更是透過投資控股，一腳踏進零組件的領域。於是傳統的電子組裝代工服務，就變成了一個可以「負毛利搶單」，從零組件爭取利潤的這種模式的犧牲品。

四、品牌廠商的激烈競爭，禍及供應鏈。

品牌廠商之間的競爭激烈不亞於電子代工廠之間的競爭，可以從個人電腦、筆記型電腦、手機、智慧型手機等等的品牌商，此起彼落看出端倪。

以我在退休前擔任執行長的富智康為例，富智康是富士康科技集團的子公司，二〇〇五年在香港上市，以代工生產製造手機為主要業務。主要的客戶包含摩托羅拉、諾基亞、索尼愛立信。

在蘋果的iPhone智慧型手機興起之前，這三個手機公司加起來，佔了全球市場的大半，彼此之間的競爭也非常激烈。因此價格一路往下探。

當時主流的手機背蓋都是用塑膠的，因此需要噴漆、烤漆和烘乾的流水線。富智康為了服務這三大客戶，在全球各地的生產廠區，設置了數百條噴漆烤漆線。

另外，當時功能型手機流行越做越小，但是手機長度總不能短於耳朵到嘴巴之間的距離，因此手機公司開發了翻蓋、滑蓋式手機。手機鍵盤仍然是主流的輸入方法，基於垂直整合的策略，富智康併購了手機鍵盤廠和韓國的翻蓋關節鉸鏈（Hinge）廠商。

蘋果的iPhone帶動了智慧型手機的風潮，而且顛覆了整個手機產業的工業設計和造型。可想而知，蘋果首先採用鋁合金的外殼，所有手機廠商紛紛效法，迫使手機代工廠大量購入電腦數控工具機設備（Computer Numerical Control, CNC），富智康遍佈全球的數百條噴漆烤漆線也只能忍痛報廢。

現在流行的智慧型手機，已經沒有蓋子、也沒有鍵盤了；富智康併購的那兩個廠，基本上是完全無用武之地。原來打的如意算盤是，整機組裝代工賠錢，靠關鍵零組件賺錢；可是在抓大放小的策略下，供應鏈反而成了大品牌廠商的陪葬品，而且輸得更快、更多、更慘。

或許這就是供應鏈的宿命：蘋果手機若由金屬轉向「3D玻璃背蓋」設計，到時手握幾萬台金屬加工工具機設備的供應鏈廠商，是否又要重蹈由塑膠轉金屬外殼時的覆轍？

培養新創，厚實長尾

基於以上四個原因，電子代工業基本上經常是負毛利報價搶單，時時面臨虧損的壓力。但是為了生存，又不得不忍氣吞聲做下去。

在負毛利報價的情況下，只有從製造成本上面動腦筋，想辦法降低料、工、費的成本，勉強擠壓出一些毛利，維持茅山道士（毛利三到四）、或是保一保二的難看損益表。

說到這裡，各位應該可以理解和體會，為什麼台灣的工商企業團體對於「七休一」、「週休二日」、「七天國定假日」等等勞資爭議有如此大的反應了。

電子五哥也都紛紛想辦法要改變這種局面，或是想辦法轉型脫離困境，但是在低毛利的情況下，更難有資金來支持研發。要想轉型，談何容易？

我認為，這不僅僅是台灣電子業轉型的問題。如果不改變這種追求規模、抓大放小的心態和策略，即使發展出自己的品牌和產品，仍然會陷入同樣的困境；賭得越大，輸得越多。

在政府方面，也不應該一味以優惠政策來支持大企業。這樣做的結果，只會造成飲鴆止渴的結果，更加削弱大企業的競爭力。

我認為，政府應該想辦法把電子業的產業架構健康化，也就是加速培養新創企業，讓電子業的長尾變得又長又厚。當大企業競爭力開始衰退的時候，有源源不斷的長尾中小企業可以取而代之。

美國高科技產業之所以能夠領先，不就是這樣嗎？

25 電子代工產業的世代交替

兩篇我談到製造業損益表的實務操作文章〈從製造業思維看合理化經營〉和〈製造業以降低成本創造利潤的實務〉，引起一些朋友的關注和討論。

許多朋友認為台灣的電子製造業前景不樂觀，應該往品牌和全球市場轉型。但回想過去幾年高科技產業的變革，許多知名品牌公司都消失不見了；從電腦時代到手機時代，知名品牌公司倒下的不勝枚舉。

可以說，品牌不是賺錢的保障、更不是基業長青的保證。

至於俗稱的電子代工，專業的稱呼應該是「電子專業製造服務」，亦稱ECM（Electronic Contract Manufacturing）；或是EMS（Electronic Manufacturing Services），中文又譯為「專業電子代工服務」。我特別到維基百科網站上去找到EMS的介紹，讓大家瞭解一下。

電子專業製造服務

ＥＭＳ是一個新興行業，特指為電子產品品牌擁有者提供製造、採購、部分設計，以及物流等一系列服務的生產廠商。

相對於傳統的ＯＥＭ（Original Equipment Manufacture）或ＯＤＭ（Original Design Manufacture）服務僅提供產品設計與代工生產，ＥＭＳ廠商提供的是知識與管理的服務，例如物料管理、後勤運輸，甚至提供產品維修服務等等。

其實生產的過程中涉及很多過程及環節，ＥＭＳ就是一個全線的服務，包括「產品開發」和「產品生產」兩個部份。這當然包括產品的採購、產品的品質管理及運輸物流，一般ＥＭＳ都包括以上這些。但由於在一開始時，或許沒有足夠的能力自己經營整個過程，主要是幫助客戶處理加工，所以只是主理「生產」部份，也就是所謂的ＯＥＭ。後期發展到可以幫一部份客戶主理開發、設計產品工作時，即是所謂的ＯＤＭ。

換言之，ＯＤＭ比ＯＥＭ多加了新元素。而現時的ＥＭＳ除了做ＯＤＭ比ＯＥＭ所做的事外，更加上物流的部份，甚至有一部分會幫助客戶銷售，這就是一般的ＥＭＳ。

目前知名的ＥＭＳ廠商包括：

- 新美亞（Sanmina-SCI, SCI Systems）
- 星力達（Celestica）
- 捷普科技（Jabil）
- 鴻海（Foxconn）
- 偉創力（Flextronics）
- 緯創（Wistron）
- 旭電（Solectron）

ＥＭＳ產業起源於上世紀六〇年代的美國。ＳＣＩ成立於一九六一年，而捷普科技則是在一九六六年成立於矽谷；偉創力和新美亞分別於一九六九年和一九八〇年也成立於矽谷。星力達在八〇年代在加拿大是ＩＢＭ的製造工廠，愛爾蘭的普誠華（ＰＣＨ）和台灣的ＥＭＳ則多是九〇年代才進入這個產業。

ＥＭＳ是高科技的產業，好幾家公司的創始人還是史丹佛大學的畢業生。它的管理模式非常複雜，資金需求十分龐大，不是任何人都可以做的；這些已經具備規模的歐美ＥＭＳ，至今都還活著。

偉創力與鴻海

值得一提的是偉創力。這家公司一九六九年成立於矽谷，一九八一年到新加坡設廠，是第一家到亞洲設廠的美國製造公司。偉創力在一九九三年還只是全球EMS產業的第二十二名，但二〇〇一年已經成為全球最大。當時的偉創力如日中天，勢不可擋。這個第一名一直保持到二〇〇四年，當年營收達到一百四十五億美元。

而地處台灣的鴻海，我們簡單回顧一下鴻海的發展歷程。

一九七四年，郭台銘利用新台幣十萬元成立「鴻海塑膠企業有限公司」，註冊地址在台北縣土城鄉（五都改制後改稱新北市土城區）。鴻海塑膠成立之初員工僅有十人，主要業務為製造黑白電視機的旋鈕。一九八一年，鴻海塑膠成功開發個人電腦連接器產品，由此轉型生產個人電腦連接器。

一九八二年，鴻海塑膠改名「鴻海精密工業股份有限公司」（Hon Hai Precision Industry Company Ltd），註冊資本額達到一千六百萬元，一九八五年成立美國分公司。九〇年代個人電腦及網際網路市場迅速成長，鴻海藉此機會快速發展；至二〇〇〇年，鴻海市值突破新台幣一千億億元。

之後郭台銘積極透過擴大服務項目的垂直整合的完整性成長企業規模，在每年增加兩千億元以上的高速成長下，二〇〇五年鴻海集團總營業額突破新台幣兆元，超越新加坡的偉創力，成為世界上最大的代工廠。爾後持續倍增，二〇一〇年底僅鴻海集團單一公司營業額就破美元千億，躋身全球前五十大企業之列。

世代交替

二〇〇三年底，偉創力第一次在上海舉行全球供應商大會，有多達五百人參加。當時我是德州儀器亞洲區總裁，當然代表德州儀器參加這個重要客戶的大會。

整個早上由日裔美籍的執行長，報告當時全球第一名的偉創力的二〇〇四年策略。報告完畢後是供應商提問時間，有位供應商直接了當的提問：「偉創力雖然介紹了二〇〇四年的主要戰略，但是我們看不出來偉創力要如何跟富士康競爭？我們看不到偉創力有任何勝算。」

當時全場哄堂大笑並且議論紛紛，因為這位同業說出了大家的心聲。在二〇〇〇年網路泡沫化之後，富士康逐年成長超過三十％，勢不可當，眼看著就要超越全球第一的偉創力，而偉創力二〇〇〇年的策略卻完全了無新意。

許多壓寶偉創力的供應商，甚至不得不考慮是否該跳船，全力支持富士康。面對這個直接且不給面子的問題，偉創力執行長瞠目結舌，答不出話來。當時坐在台下的我，雖然代表美國德州儀器公司，理應支持同是美國公司全球第一大ＥＭＳ的偉創力，但是我的心中卻有一絲身為台灣人的驕傲。

會後，我給郭台銘打了一通電話，告訴他這個小插曲。

二〇〇五年，鴻海超越偉創力，成為全球第一大的電子專業製造服務商；不僅第一名的位置保持至今，而且與偉創力的差距越來越大，同時帶動台灣其他電子代工製造企業，晉身全球前十大。

當品牌公司虧損或滅亡的時候，這些ＥＭＳ都仍然屹立不搖。

26 從美、日、中的電子產業變革借鏡

我這個年代的所謂四年級生，有幸能見證到半個世紀以來的高科技產業變遷。比起今天的年輕人，我對高科技浪潮的興起與衰退更有一份敬畏之心。

記得我小時候，電視機就是高科技；早期台灣引進外資也是以家電——尤其是電視機——為主。像是美國無線電（RCA）、增你智（Zenith），艾德蒙（AOC）等，都是耳熟能詳的美國品牌。隨著電晶體、半導體的誕生，高科技從家電進入了電子時代。

日本以其工匠精神追求產品的設計與改善，加上戴明博士（Dr. William Edwards Deming）在日本推動對持續的流程改善和完美品質的堅持，日本在一九七〇年代居然以二戰戰敗國的身分，打敗了歐美企業，稱霸家電及電子時代，逼得美國企業在一九八〇年代不得不以日本人為師，全面學習「全面品質管理」和「看板」（Kanban）管理。

我當時在台灣惠普，被指派去日本ＹＨＰ學習並且引進全面品質管理，往事歷歷在

目。美國企業在家電、電子市場節節敗退之時，卻悄悄地將迷你電腦、工作站往桌上發展，進入了個人電腦時代。

美國：錯過家電時代，卻提早進入資訊時代

一九九〇年代，美國企業正式宣告高科技資訊時代的來臨。我有幸見證了惠普和德州儀器的企業經營宗旨的改寫，由電子進入資訊時代。

台灣早期的電子業發展，藉著引進外資技術開始了黑白及彩色電視的組裝，然後節外生枝地發展出咖啡廳式的電玩；我們這個年代的人，應該都記得小蜜蜂、打坦克、吃豆豆的這些電視遊戲。由於電玩涉及賭博，政府壯士斷腕禁止這些電玩的生產，而靈活的台灣廠商立即轉向電腦終端產品的生產，接著順利搭上個人電腦這班車，站穩ＩＴ時代的高科技浪頭。

二十世紀的最後十年有許多大事發生：首先是家電、電子時代的霸主日本，忙著享受獨霸市場的商機，而且不斷鞏固陣地；除了投入大量經費進行國內研發之外，還從事

海外設廠生產、以及全球品牌通路建立。

結果是，發展壯大了日本電子產業五大巨頭——日本電氣（NEC）、松下電器（Panasonic）、富士通（Fujitsu）、夏普（Sharp）和索尼（Sony）。但也因為如此，日本沒有搭上ＩＴ時代這班車。

另外，有人打趣說，雖然ＩＴ時代的霸主是美國，但是真正受益的是Ｉ（India）和Ｔ（Taiwan）。幾乎所有的軟體代工都是印度包了，而所有的硬體代工都由台灣廠商承接，因此造就了所謂的「台灣電子五哥」。

美國在這十年除了加速高科技的產業轉型，由電子向ＩＴ發展，更加速向ＩＣＴ（資通訊技術）和網路時代變遷。二〇〇〇年的網路泡沫化，給了美國充足的資源來發展手機、智能手機及無線通訊；而在互聯網跌了一跤之後，網路時代的腳步並沒有停頓，反而加速進入雲端時代，使得日後的互聯網、行動互聯網、大數據風起雲湧。

日本：家電時代稱王，但錯過資訊和網路時代

反觀日本，沒有搭上ＩＴ時代的班車，沒有任何電子產業巨頭思考彎道超車的策略，反而在家電、電子市場「築高牆，廣積糧，穩稱王」。由於失去ＩＴ市場，導致個人電腦、筆電、軟體等技術及產品全面失守，隨後的功能手機、智慧手機、互聯網、行動互聯網、雲端、ＡＰＰ、電子商務、大數據等等，都遭到全面潰敗。

而日本電子五巨頭辛苦經營的家電和電子產品和供應鏈，終究還是逃不過產業生命週期的宿命，霸主地位被韓國及中國大陸蠶食鯨吞。前不著村、後不搭店，正是日本高科技產業兩頭落空的處境。

回頭看看台灣的情況，在ＩＴ時代受益的台灣電子五哥，彷彿是日本的歷史重演。從九〇年代至今，在個人電腦、筆電市場也是「築高牆，廣積糧，穩稱王」，採取的措施幾乎跟日本一樣。唯一不同的是，日本人比較團結，還有本土市場支撐，才能拖到今天；台灣的電子五哥既沒有本土市場支援，在中國大陸市場也「戒急用忍」，放任聯想坐大。

在聯想併購IBM的個人電腦業務之後，不僅僅在全球市場威脅台灣廠商，更進一步威脅到台灣的歐美代工衣食父母。

循序漸進的中國，代工思維的台灣

我在一九九二年初派駐北京，擔任中國惠普第三任總裁時，聯想只是一個由中科院的柳傳志出來創業、爹不親娘不愛的小民營企業。真正的國家隊，是由電子部計算機局分離出來的「長城計算機集團」。

聯想採取「貿、工、技」的策略，先代理惠普的個人電腦和印表機做起，然後進入製造，再自創品牌。當年柳傳志、楊元慶、郭為等人，都上過我的課，稱呼我為「老師」，所以千萬不要說他們是一個有政府支援的國家隊。

反觀台灣的電子五哥們，在積極鞏固IT陣地時，雖然也由代工轉型自我品牌，但是代工的大餅始終不願放棄；品牌、代工兵分兩路，個人電腦、筆電兩不棄。

雖然有國外手機大廠的支援，拿下了不少手機代工的訂單，也算進入了資通訊技術領域，但是隨著MEN（Motorola, Ericsson, Nokia）三巨頭被蘋果及中國品牌上下夾擊至垮台，代工的宿命也隨著衰敗。HTC如天空劃過的一道流星，帶著國人的期望和失望，如今已經好景不再。

由於台灣的經濟非常依賴高科技產業，因此今天的「二十二K」可謂其來有自。政府關心GDP成長率是理所當然，全球政府都是如此。促進經濟增長肯定是抓大放小，各國政府都一樣；幾家大企業成長十%，勝過萬家微型企業翻倍。因此，大企業得到了國家最好的資源也是理所當然的；這些資源包括（但是不限於）資金、人才、政府的優惠政策、媒體的關注報導等等。

但是大企業有個宿命問題：高科技大企業往往最終會因為無法創新而滅亡。這句話怎麼說呢？

大企業註定無法創新而衰退

大企業之所以大，就是因為營收大。而且大企業一般都是上市公司，背負著投資者及股民的期待，每年營收獲利必須持續增長。所以從產品生命週期來看，大企業必須追求主流市場產品，也就是成熟期甚至衰退期的產品。

所謂「瘦死的駱駝比馬大」，即使衰退期的產品市場，也比誕生期或增長期的產品市場更大、風險更小。君不見家電、電子產品雖然不再引領風潮，卻也不會消失。

成熟期產品的特點，就在於商品化（commoditization）、無差異化；主要產品的競爭力在規格、價格、以及工業設計，如果硬要說創新，往往只能扯上設計。因此，我說高科技大企業逃不了因為無法創新而衰退的宿命。

另外一個原因是人才。大企業吸引了國家最優秀的人才，到了年底發獎金給股票時，當然是看績效；因此企業中的一軍人才，必定爭取掌握主流產品的重要位置。企業真有心投資創新技術及產品，恐怕也只有二軍、三軍人才可以苦守寒窯幾年了。

瞭解了大企業的體制和宿命，就會知道**在某個時代稱霸某個產業的國家，往往也就會停留在那個時代**。因此，日本電子五巨頭至今仍然在搞電視，台灣電子五哥仍然在搞筆電，孰令致之也就不難理解了。

政府的責任在佈局

那麼政府該做什麼？戒急用忍？鎖國？技術留台灣？避戰？死抱著供應鏈？與半導體、ＩＴ產業共存亡？日本不行、台灣行？

我曾經在許多演講裡面提到過，位居高層的執行長必須具有看穿水晶球的能力。從家電、電子、ＩＴ、ＩＣＴ、雲端、互聯網，到各種智慧產品，下一個高科技風口是什麼？物聯網？萬聯網？創客創業？

二〇一五年八月，我在日本東京對一百五十位日本企業高層演講，試圖告訴日本的企業，「產品４．０」將會是日本的下一個風口，讓日本再度興起。

由滿場的掌聲中，我可以感受到日本企業長久以來的焦慮和期盼。

寫到這裡，我禁不住的懷念起蔣經國時代的十大建設。李國鼎、孫運璿時代引進美國無線電公司的技術，在工研院電子所蓋了台灣第一個半導體晶圓廠；雖然當時台灣仍處於家電時代，但政府已經在佈局ＩＴ時代的產業技術，這就是政府具有看穿水晶球、佈局未來的能力。

後來的兩兆雙星，卻只繼續在為ＩＴ產業「築高牆，廣積糧」。今天回顧之下，兩兆雙星似乎是為台灣高科技產業下了一根定海神針，讓台灣這艘高科技大船就停在ＩＴ時代，看著未來科技浪潮離我們遠去。

軟硬結合，創造新世代價值

台灣電子業的興起，開始於個人電腦，然後是筆記型電腦、手機；其中有代工、也有自己的品牌，但這些產品都屬於「產品３．０」時代的智慧產品。

最近如廣達、宏碁等電子業大廠，分別藉著法人說明會，宣示他們將往伺服器方向發展、搭上雲端計算的趨勢。然而即使是雲端計算或是大數據等等領域，說起來還是離不開產品３．０的領域。

未來五到十年，將會是網際網路迅速起飛的時代。但是這些聯網的「物」，將會有非常繁多的種類，以及爆炸性的發展，而不是過去例如筆記型電腦、手機之類的單一、大量、標準化產品。

即使以手機為例，在後蘋果時代將不會再有一家獨大的情況，取而代之的是群狼並起。這對於想創業的團隊來說，是大好的消息；但是對於習慣以量產代工為主的台灣電子業來說，將會是一個利空的消息。他們當然會認為這些少量多樣的「物」不是價值所在，反而軟體才是價值所在。這些一輩子搞硬體的台灣電子業大老們，如果對於硬體失去了信心，會令我頗為失望。

雖然軟體有軟體的價值，但是必須依附在硬體上面，才有它的效果；和硬體產品相較，軟體和網路產品最大的區別在於它們是不區分用戶的，但未來的硬體產品卻必須依據小眾市場的需求來設計，才能達到最大的差異化、並滿足這些需求。

未來十年是次世代消費者興起的時候，而這個世代最大的特點，就是他們追求個人化和客製化。因此，以軟硬結合來滿足小眾市場消費者的最大需求，才能夠真正創造價值。

誠如我在先前許多文章裡面說過的，台灣必須要有自己的領頭雁或火車頭硬體產品，才能夠帶動台灣實力最堅強的供應鏈走出自己的新方向。所以這樣的一個變化，對台灣的電子業反而是好事。

沒有浴火，如何重生？沒有大破，如何大立？

27 台灣半導體產業核心競爭力的轉移和改變

任何開發中國家要培育發展本地產業，都會採取三個步驟：

一、**進口替代（Import Substitution）**：提高整機進口關稅，迫使國外廠商在本地設廠，以節省龐大的外匯支出，同時增加本地就業機會；而國外廠商則在本地以零件組裝（Complete Knock Down, CKD）、或是大散件組裝（Semi Knock Down ,SKD）的方式設廠生產。本地的附加價值以人工為主，大部分零件材料依賴進口。

二、**本地化（Local Content）**：當地政府不會滿足於組裝式的工廠，因此以政策為誘因，要求提高當地採購零件材料的本地化比例。通常會在達到六十%金額比例之後，給予「國民待遇」，視同本國企業，藉此培養發展中心衛星工廠和本地供應鏈。

三、**出口創匯（Export to Balance Hard Currency）**：利用更多優惠政策鼓勵出口，以達到出口創匯的目標、增加國家的外匯存底，同時進一步壯大產業及供應鏈。

如果因為本地市場太小，不足以吸引外資採取進口替代策略，則以低成本生產要素來吸引外資在本地設廠；一旦設廠，就採取同樣的步驟二和步驟三。

半導體封裝產業的外移

外商在海外設廠，則有四個原因，全是為了增強企業競爭力。這四個原因分別是：

1. 靠近市場。
2. 靠近原料。
3. 靠近技術。
4. 靠近低成本生產要素。

過去台商去大陸設廠，主要是因為要取得低成本的生產要素：人工成本、廠房土地、優惠政策等等，確實也讓台商增強全球競爭力。但是隨著大陸經濟發展，低成本的生產要素已經不再持續，大陸也由「世界工廠」轉型為「世界市場」。

半導體前端的晶圓產業由於已經高度自動化，所以從來就不需要赴大陸取得低成本的生產要素。而半導體後端的封裝測試廠，自動化程度沒有前端高，需要的人工比前端多，因此海外設廠以取得低成本的生產要素，一向都是封裝測試先行。

雖然大陸的低成本人口紅利已經不復存在，但是政策紅利隨著政府的重視反而加強；**封裝測試比前端晶圓製造更需要取得「靠近市場」的競爭優勢**，因此封裝測試赴大陸設廠比晶圓製造更加有誘因。

但是，隨著封裝測試赴大陸設廠、大陸加強半導體的政策紅利、大陸半導體的用量不斷增加，晶圓製造業勢必為了靠近封裝測試廠、取得政策紅利、靠近市場，而主動出擊赴大陸設廠。

現今大陸已經有了許多晶圓製造工廠，但是製程工藝仍然落後於台灣業者。如果台灣業者赴大陸設廠，戰略上就是採取攻勢。既然採取攻勢，肯定要派出精兵，消滅敵軍於萌芽階段，不能任令敵軍佔據山頭、建立要塞，縮小技術差距，所以「N＋1」是必須採取的策略。

談到N+1，肯定會有許多人擔心技術外流，導致台灣的半導體產業失去競爭優勢。我曾經以電腦和半導體產業做例子，說明「可視化產業生態系統」的構建，不過本文只先講講半導體產業核心競爭力的轉移和改變。

半導體產業的巨大變化

早期的半導體公司，例如德州儀器、英特爾、快捷半導體（Fairchild）等等，都是整合元件製造企業（Integrated Device Manufacturer, IDM），從生產設備、生產工藝、IC設計、產品銷售、技術支援等都要自己做。隨著產業分工、資本和市場全球化、「互聯網+」的浪潮衝擊下，半導體產業也起了巨大的變化。

專業半導體生產製造設備廠商、半導體晶圓代工廠、專業封裝測試廠、半導體零組件代理和經銷商、電子產品方案商、軟體開發商、各種領域技術公司、系統集成商等等，紛紛興起，這些在我過去關於產業生態系統構建的演講中，都有詳細的說明。

傳統半導體整合元件製造企業的核心競爭力和優勢，也隨著產業生態系統的變化而改變。最早期，半導體生產製造設備是決定因素，接下來是由摩爾定律主導的半導體晶圓生產工藝。封裝測試的技術，現在則已經演變到ＩＣ設計和各種領域的技術和專利。

台灣在半導體產業的生態系統之中，只佔據了晶圓代工、封裝測試、和半導體代理經銷幾個領域；至於ＩＣ設計方面，聯發科帶頭的一些公司只佔據了一小塊，而且比較集中在ＩＴ和手機領域。這幾個領域都即將面臨不同的技術瓶頸、以及市場競爭的挑戰，並不是可以永遠維持領先的現狀。

半導體產業的未來挑戰

先說封裝測試廠：大部分的技術來自生產製造和測試設備廠商，只要有錢、有人，技術的進入障礙並不高。未來的競爭優勢來自於規模帶來的彈性和成本優勢，上游和晶圓代工廠的緊密合作也越來越複雜和重要。

再說晶圓代工廠：工藝進步已經快要走到極限，自動化、設備、晶圓更大化也到達一個「博奕理論」（game theory）所說的平衡點，摩爾定律也快要撞牆了。

也就是說，晶圓代工將要進入產業生命週期的成熟期。**晶圓代工服務將變成商品（commodity），商品的特徵就是「沒有差異化」**；這時的競爭優勢，來自規模、成本、管理、產品策略，以及產業生態系統的戰略位置。

半導體代理經銷通路的競爭優勢將來自規模（因此大聯大的併購和聯盟是正確的方向）、產品線（物聯網）、技術支援、細分領域的參考設計開發能力、客戶策略（從抓大放小到長尾客戶及初創企業），互聯網+的策略應用等等。

IC設計公司面臨的挑戰，則是產品的轉變（從IT手機到物聯網），隨之而來的產品應用技術和知識（domain know-how）、特殊模組封裝的策略（SiP, SoM）、產品線的拓寬（擺脫「一代拳王」的困境）、少量多樣的成本壓力，以及在生態系統中的戰略位置等等。

如果說台灣是半導體的大國，那麼我們就顯得不自量力；如果說我們採取鎖國策略就可以永保技術優勢，那麼我們也太高估自己了。

28 「服務業」和「製造業」思維的差異

我寫這篇文章的動機來自華航罷工，但主要想講的是「服務業」和「製造業」不同的地方，以及服務業應該重視哪些關鍵性的成功因素。

雖然我這一輩子的職業生涯都是在外商高科技行業，包括在惠普二十年、德州儀器十年，但我從事的都是市場行銷和經營管理工作，這一部分其實可以算是服務業。

在鴻海的五年期間，我才真正算是踏進了製造業。我每天穿著跟作業員一樣的工作服，大部分的時間花在工廠的生產線上。從模具設計、開發、組裝，到機構件、外觀件的生產流程；從表面貼焊生產線到整機組裝測試，再加上供應鏈管理、成本管理、報價，我該修的學分都修完了，因此我對製造業和服務業的異同，理解特別深刻。

由於台灣電子產業以製造業為主，因此製造業的思維也影響了許多服務業的經營和管理方式。

製造業＝規格化，服務業＝差異化

這兩個產業最大的不同，在於製造業的產品要追求「規模化」和「一致性」，而服務業面對的主要是人，因此要盡量「差異化」，以滿足每個客戶對於個性化和客製化的要求。

在這裡先再度推薦《人性也有標準差》這本書，它由美國蓋洛普顧問公司（Gallup）的兩位首席科學家約翰．弗萊明博士（John H. Fleming）和吉姆．艾斯普朗德（Jim Asplund）共同著作，於二〇〇五年出版。

從一九八〇年代開始，「六個標準差」幫助摩托羅拉、奇異電器等全球頂尖的企業，成功改善了工作流程、並減低了生產流程中造成的誤差，讓產品的品質達到完美的狀態。

大部分製造業企業主認為，「人」是生產過程中的禍首。因此在生產流程中強調SOP，處處設計「防呆機制」，就是為了防止「人」犯錯，影響到產品的品質。

就如同阿諾史瓦辛格主演的「魔鬼終結者」這部影片中所預言：世界末日的到來，

是由人類所造成的；因此，魔鬼終結者——也就是機器人——要消滅全人類。

製造業思維對「人」的管理，《人性也有標準差》的作者稱之為「終結者管理」。主要的重點有五點：

1. 人（顧客與員工）是經商的必要之惡，是麻煩、也是敵人。
2. 人是事業的阻礙，會帶來效率損害、錯誤、和成本。
3. 員工是一部大機器裡可替代的螺絲釘。
4. 員工是「有待降低的成本」，或是「等著爆發的錯誤」。
5. 員工與顧客都是「不可預測性」的主要來源。

因此，福特汽車的創辦人亨利·福特，在十八世紀末就說過一句名言：

為什麼當我真正想要的只是一雙手時，卻總是得到一整個人？

這句話充分代表了大部分製造業企業主對「人」的無可奈何。因為，「人」不是工具，人是具有「人性」的個體；每個人都有自己獨特的思維和需求。

忽略人性存在的製造業思維

製造業的生存之道，就是創造高品質產品。是否能管理好產品的常態分佈曲線，對獲利能力至關重要；產品品質的變異性，也關係著了一家公司是否能順利生存。

二十年前，摩托羅拉公司開始採用「六個標準差」的理論。它的核心概念，是利用流程管理和統計學，來降低生產流程及品質系統中的變異性。由於這個嘗試獲得了巨大的成功，導致全球製造業都爭相學習和採用「六個標準差」，作為產品生產和品質的管理的理論基礎。

台灣是ＩＴ時代電子製造業的大國，因此製造業的思維成為管理的核心精神。影響所及，無論是政府、銷售、或是服務業，都隱藏了製造業「終結者管理」思維的不定時炸彈——處處強調ＳＯＰ、流程管理、降低成本、改善效率、增加產出。

但是，這個世界是建立在「人際關係」上的；**「六個標準差」和「終結者管理」，事實上往往忽略了「人性」存在的事實**。

於是《人性也有標準差》的兩位作者在全球調查了服務業的一千萬名員工與一千萬名顧客以後，做了很透徹的研究分析，並針對了商業人性面的「品質」和「變異性」，對銷售與服務型組織的領導者們提供了管理方法。

服務業的「人性標準差」

他們認為，服務業的「工廠」就是員工和顧客發生互動的地方。而這個員工與顧客的接觸面（Employee-Customer Encounter）所製造出的產品，就是「服務」，一樣也需要品質管理，且品質也有從「零缺點」到「嚴重瑕疵」的績效分布曲線。

製造業的生產經理，對付的是機械、材料、測量、和方法，使用的是「六個標準差」來管理。而銷售和服務業的客服和銷售經理，所面對的是人，所以用的必須是「人性標準差」。

在這個員工顧客接觸面創造出的「顧客經驗」，則是造成顧客回流、或是永遠不再光顧的主要原因。

已故的德國社會心理學家費里茲．海德（Fritz Heider）的「殊途同歸」（Equifinality）觀念，最能夠解釋人性標準差的理論：終點不變，但達到終點的手段卻有必要因人而異。製造業的「六個標準差」，是要降低產品的變異性、增加產品的一致性；但**服務業的「人性標準差」，需要盡量擴大產品的變異性，盡量減少一致性**。

「人性標準差」管理法不同於「終結者管理法」。它開始於接受人的本性，然後用它來管理員工、激勵員工、加速員工的發展，並且透過員工顧客接觸面，最終佔據客戶的心。

客戶滿意度的決定性因素

航空公司和餐廳是兩種典型的服務業，它們最大的無形資產是滿意的客戶，也就是「常旅客」和「回頭客」。

客戶的滿意度往往取決於最低成本的因素，而不是最高成本的因素，但服務業的企業主，卻往往不瞭解這個道理。

案例（一）：航空公司

過去有過許多航空公司的客戶滿意度調查研究結果顯示，影響客戶滿意度最高的前三名分別是：

1. 空服人員的服務態度。
2. 飛機上用的餐食。
3. 飛機上的娛樂。

航空公司最大的成本，來自於飛機的折舊、機場的租金，以及營運費用的規模。相較之下，空服人員的薪資、飛機餐的成本、機上的音樂影片等等都是非常小的成本，卻是影響顧客滿意度的主要因素。

案例（二）：餐廳

餐廳最大的成本來自於場地租金和裝潢費用的折舊，但是影響客戶滿意度最大的因素，卻是服務員的態度和食材的品質。相較於昂貴餐廳的價格，餐廳服務員的薪資和食材成本都非常低，卻是造成餐廳回頭客的最主要原因。

一九五八年一月二十七日創立於美國加州的時時樂（Sizzler）餐廳，以牛排、海鮮、沙拉吧的典型美國式家常菜而聞名，至今在美國已經擁有一百七十家連鎖餐廳。

根據我自己的經驗，時時樂餐廳的成功，在於餐廳的服務員都有完全自主權，可以當場決定如何處理顧客抱怨。只要顧客覺得食物不滿意，服務員二話不說、也不問原因，馬上收走，再送上一盤新的食物；視顧客抱怨的情況，還會主動贈送折價券。

食物的材料成本，對餐廳而言佔的是很低的比例。而餐廳的成功就在於高滿意度的服務，有高滿意度才能創造更多的回頭客。

我始終相信，不管在製造業或服務業都是一樣的道理：**只有快樂的員工，才能創造滿意的客戶**。

政府也是服務業

政府更加是一個服務業；在北京中南海靠近長安街的大牆上，就寫著毛澤東的名言：「為人民服務」。

今天的台北市政府公務員高離職率，源自市政府員工每天有做不完的事，每天都忙著加班；在高壓的氣氛下面工作，卻沒有得到任何來自高層的鼓勵和激勵。

如果市府的員工不快樂，怎麼會有滿意的市民？

如果台灣想要轉型，從製造業代工的模式走向創新、創業，以及服務業為主的產業結構，就應該要好好思考如何運用「人性標準差」，來取代「六個標準差」的製造業管理思維。

政府的領袖和企業界的大老們，如果你們的思維不改變的話，台灣的經濟就不會脫離「窮」、「困」的現況。

29 台灣在「工業4．0」時代的問題

我在某次講座中談到「工業4．0不是台灣的菜」*之後，有朋友在相關文章底下這樣評論：「從鴻海出來的對工業4．0的瞭解，也不過如此的程度。」

許多朋友呼籲我再進一步地闡述清楚，為什麼工業4．0不適合台灣。

之前談過，工業4．0是德國首先提出來的一個製造業策略。當一個組織在某個產業處於領先地位的時候，最好的策略就是讓所有競爭對手都抄襲自己的策略、跟隨自己的腳步；只要一切條件相同，那麼領先者永遠領先。

美國、歐洲、中國大陸也都算是工業大國，卻紛紛中了德國的招，也跟著後面談「第四次工業革命」、「製造二〇二五」，來呼應德國的工業4．0。

* 編注：請參閱 https://rocket.cafe/talks/75685，〈供應鏈、創客、教育、自造：台灣產業大未來〉一文。

產品比製造或工業更重要

我對工業4．0沒有好感，就從這個名字開始。現今的高科技潮流已經走向移動互聯網和物聯網，我們還在談工業，豈不是距離越來越遠？所以我才會強調，「產品」比「製造」或「工業」更重要；**如果沒有產品，哪來的製造和工業？**

工業4．0的概念其實很簡單，就是把原來的電腦整合製造（Computer-Integrated Manufacturing, CIM）和彈性製造系統（Flexible Manufacturing System, FMS）的先進製造環境，透過互聯網延伸到前端的銷售環節，藉此期望能夠從銷售環節的大數據分析，得到市場和消費者對個性化和客製化的需求，再透過互聯網連結到工廠的彈性製造系統，達到少量多樣的生產模式。

因此，工業4．0的前提，是生產工廠必須能夠做到電腦整合製造和彈性製造系統，否則即使有來自銷售環節的需求，工廠也可能沒辦法生產出來。而台灣目前的生產製造工廠，包含傳統產業、IT產業、電子產業，都還沒有辦法做到這兩者。

如果工廠已經做到這兩者，那麼接下來的挑戰，就是如何在互聯網時代與社群化時代之中，創造新的前端銷售模式，以滿足消費者對個性化和潮流時尚的需求。

雖然台灣的電子製造業實力強大、許多傳產品牌和銷售通路也有些知名度，但很不幸的，台灣在生產製造端和品牌銷售端，和先進國家都有相當大的差距。

狂銷的網紅成衣店鋪

這裡就以消費者最熟悉的傳統成衣行業來做一個例子。

一九八八年出生、二〇一二年在中國大陸創立「Lin Edition Limit」（以下簡稱Lin家）品牌的創始人張瑜，是浙江平湖所謂的「廠三代」；自爺爺輩起，他們就是做服裝的家族企業，甚至一度名列中國私有企業一百強，而且還是優衣庫（Uniqlo）等國際品牌的代工廠。

張瑜從小還在穿開襠褲時，就整天待在家族企業的會議室裡聽長輩們開會。他和眾多富二代一樣，高中畢業之後就被送往國外念書，為將來繼承家族企業做準備。

二〇一〇年回國後，張瑜直接進入家族企業工作。當時，公司的商業模式傳統而穩定，加上擁有數量可觀的長期客戶，所以張瑜其實只要在辦公室喝喝茶、接接客戶的外貿訂單，一年營收就很可觀了。

他的妻子「Lin」張林超，同時期從倫敦留學回國。這位同是「廠二代」的漂亮女孩在倫敦時，在中國留學生圈中就已小有名氣，個人微博帳號粉絲近百萬。回國後，她開了一家淘寶女裝店，目標客戶就定位為「海龜白富美」。和大多數初創時的女裝店主一樣，張林超的第一批貨是張瑜家工廠的外貿尾單。張林超是個專業買家、品味不俗的設計師、固執但出色的管理者和決策者，然後順便才是模特兒、網路紅人。

一直沒有太關注淘寶的張瑜，驚訝地發現妻子這個從零開始的淘寶店鋪，年銷售額竟然在短短幾年內就高達千萬人民幣。

Lin家今年四月一次女裝新品在淘寶店上市，一瞬間數萬人進店搶購；僅僅用了一分鐘，十五款新品現貨被搶購一空，平均客單價超過人民幣一千元。

當晚八點，另一家紅人店鋪張大奕開始上新品，其中一款裙子當晚就賣掉五千條。張大奕是中國大陸瑞麗經紀的當家模特兒，在淘寶開店一年半，成交筆數三十二萬、月銷售額數百萬人民幣，已經是淘寶五皇冠店鋪。

大數據下的成衣產業鏈

要瞭解這是怎麼回事，就必須回顧一下傳統成衣行業的變革。

由歐洲時尚品牌利用模特兒伸展台上發佈潮流，然後名設計師設計產品、亞洲成衣代工廠生產，再透過實體店面鋪貨，最後到達消費者手中，已經是幾個月後的事了。

西班牙的颯拉（Zara）則把這套體系變成「買家模式」，並且取得巨大的成功。簡單地說，他們的模式就是把時裝週、名牌店、大賣場等等銷售最好的衣服，局部修改後下單生產，十天便能上架出貨，以低價讓廣大消費者也能夠穿著類似名牌的服裝。

這就是一種透過大數據分析消費者的需求，然後以快速、大量、低價鋪貨的行銷策略模式。老實說，這就是山寨，也難怪颯拉經常捲入許多版權訴訟。

淘寶上的紅人時尚成衣商店，則採取不一樣的模式。他們利用互聯網社群平台，在部落格、微博上面建立社群，吸引粉絲持續和高頻率的互動，再從其中收集消費者對時尚服裝的潮流和需求，進而設計產品，然後透過網路紅人的效應來做產品行銷。

兩者都是透過大數據來輔助，我把颯拉的大數據模式叫做「事件發生後數據」

（After the Fact Data），Lin家的我把它叫做「事件發生前數據」（Before the Fact Data）。從名稱來看，就可以知道Lin家的數據應該是更即時、更精準的。

高速演化中的網紅店鋪模式

如果說颯拉是「工業經濟時代的快時尚」模式，那麼Lin家的就可以叫做「社群時代快時尚」的網紅經濟模式。簡單說，就是社交媒體、電商平台加上網紅經濟，造成了這樣一個最先進的模式，但是這個網紅店鋪模式才剛剛開始，並且正在高速演化中。

張瑜家族創立的新成達集團，有四家工廠和幾千名工人，服裝年訂單量數百萬件，擁有成熟的供應鏈和大量生產的能力。

然而，傳統供應鏈中幾十人一條產線的大流水線，並不能適應互聯網銷售迅速迭代的小批量生產。於是他索性從原有供應鏈之中，優先挑選資深技術骨幹，捨棄並打散傳統供應鏈中的大流水線，改成三、四人的小組制，靈活調整生產計劃，以適應互聯網銷售的小量生產。

比改造生產線更痛苦的問題在於布料。一件海軍風的裙子，一天之內賣出兩千件；但除了三百件現貨之外，工廠只準備了三百件布料，於是必須和更上游的布料廠協商，以加價方式訂貨。但因為是訂製布料，所以無論如何都需要七天，才能送上服裝製作的流水線。

電子商務在零售端顛覆這麼多年，才讓成衣廠這一環節逐漸改變，漸漸互聯網化。至於上游的布料供應商，恐怕還需要一段時間才能真正清醒過來。

不一樣的底蘊，不一樣的模式

傳統成衣行業的變革，是從零售端開始網路化。透過社群媒體做市場行銷，透過電商做銷售，再透過粉絲互動取得潮流趨勢和市場需求，並透過網紅引領風潮，導致預售為主、庫存極少，業務由數據驅動，然後再倒逼供應鏈和傳統成衣廠進行改造。

以傳統成衣行業為例，這些變革正在中國大陸進行中，上網搜尋可以看到無數的討論文章和成功案例。可是，「工業4・0」這個字眼極少出現。

熱門的關鍵字是：互聯網、社群媒體、電子商務、粉絲經濟、網紅經濟、紅人商店、紅人店鋪、網紅孵化器等等。偶爾會看到，供應鏈、生產線、小批量生產等等。

在中國大陸，除了傳統產業之外，同樣的變革也開始發生在消費電子和其他高科技產業。除了網紅直播，還加入許多高科技元素，例如虛擬實境、擴增實境、無人機、全像攝影等等，更加豐富了零售端的內容。

還需要我解釋，為什麼「工業4.0」不是台灣的菜嗎？

30 走出黑洞、面對改變，與時代共舞

「黑洞」在這裡的意思，是形容一段「吸收不到新的科技知識，跟高科技的發展幾乎完全絕緣」的時期。我的三十五年專業經理人生涯當中，也曾經有過兩段黑洞時期；本文就來聊聊這兩個時期、它們對我的影響、以及帶給我對於台灣科技業發展的體悟。

第一個黑洞是服務於中國惠普的六年。一九九二年一月，我從加州總部派駐到北京，擔任中國惠普第三任總裁；直到一九九七年十月底離開惠普，才搬離居住了六年的北京。其後，我加入美國德州儀器擔任亞洲區總裁，搬到美國德州達拉斯。

第二個黑洞時期，則是二〇〇七年七月離開德州儀器加入鴻海公司，長駐大陸五年，直到二〇一二年七月從鴻海退休。

進入黑洞，時代脫節

在中國惠普的六年期間，正是中國大陸開始改革開放後的積極建設。但這段時間還沒有互聯網，也沒有辦法接觸到外國雜誌和報紙，我只能全心投入公司的體制改革和業務擴展。雖然這六年對於我作為專業經理人的領導力養成有重大的影響，也是人生涯當中特別值得懷念的時期，卻是我和高科技演進失聯的六年。

而加入鴻海、常駐大陸的這五年當中，我全心投入在工廠的生產線上，甚少接觸外部和業界。說來有趣，在惠普和德州儀器服務的三十年，我上班從來沒有不穿西裝、不打領帶的。但是在鴻海的這五年當中，我上班完全不穿西裝，只穿和工廠作業員一樣的工作服。我每天腦子裡想的，都是生產製造和工廠管理；對於外界高科技的發展，幾乎完全沒有時間去接觸。

我在鴻海服務過四個事業群，做過許多產品；連接器線纜、印刷電路板、平板電腦、手機產品的生產製造，我都接觸過。在製程方面，從開模具、機構件和外觀件的生產和組裝、表面貼焊生產線，到整機組裝測試，我都捲起袖子親自上生產線管理過。

我打算把一個「全能執行長」所必須具備的生產製造學分全部修完，也的確順利完成了。

人生就是這樣公平，有得必有失。在第一個黑洞時期裡，我未能注意到軟體行業的高速發展，所以在離開惠普的時候，選擇加入半導體產業的德州儀器，完全沒有考慮軟體產業。

在第二個黑洞時期裡，我雖然注意到了，但完全沒有深入瞭解互聯網和行動互聯網的快速發展。

重啟自己

在我退休以後，感覺到外面的世界非常寬廣，許多新的領域我都不瞭解。於是從二〇一三年初，我開始接觸從事智慧型硬體開發的新創團隊，也開始接觸到許多互聯網應用創業團隊；並且在這些年輕創業團隊來向我請教時，以三十五年跨國公司專業經理人的經驗，給予他們一些建議。

但是沒過多久，我就發覺自己犯了幾個很明顯的錯誤。對於這幾個團隊，我當時的建議並沒有實質幫助，甚至可能會誤導他們。

我發現，自己和這些年輕人的想法與最新科技，應該是脫節了。而造成這種脫節的主要原因，就是第二個五年黑洞時期。

我深刻體會到，如果不去瞭解這些年輕創業者的語言、不夠瞭解他們使用的新科技，就貿然嘗試去幫助他們，那麼我的跨國公司三十五年經驗會變成「負債」，而不是「資產」。

只有在我充分瞭解年輕人的語言、新的科技、新的商業模式之後，經驗才能發揮價值，從「負債」轉變成寶貴的「資產」。

初探走訪新生態

首先，我需要深入瞭解創客的生態環境。於是我拜訪了深圳的柴火創客空間、上海的新車間、北京中關村的創客空間，也拜訪了號稱中國創客的兩大軍火庫：深圳的Seeed

Studio和在上海的DFRobot。我也親自去美國加州和德州，走訪當地著名的創客空間、以及舊金山享有盛名的製造空間Techshop。在矽谷的山景市（Mountain View），我還拜訪了兩個有名的創客創業企業：Double Robotics和Boosted Boards，讓我對美國創客創業的生態和生意模式有了深刻瞭解。各位朋友如果有興趣的話，可以參考我在臉書上分享的文章。

回顧二〇一三年第一次拜訪Seeed Studio，和「柴火空間」的創辦人潘昊見面時，我曾經問了許多事後自己也覺得可笑的問題，例如：什麼是創客？什麼是IoT？什麼是Arduino？什麼是Home-brewed IoT？

未滿三十歲的創客代表性人物潘昊，當下流露出疑惑的眼神，看著號稱有三十五年跨國企業高階主管資歷的我，竟有些不知該如何回答。

於是他很委婉地建議我，先去買一本克里斯·安德森（Chris Anderson）寫的書《自造者時代》（大陸書名為《創客》）。我非常聽話，立刻從網上訂購了這本書，並且仔細地把它讀完了。

潛水觀察

我所做的第二件事，是學習「九〇後」世代的語言。我首先是請剛認識的年輕朋友，把我加進幾個硬體創業的微信群裡去「潛水」。剛開始的時候，看著幾百人微信群的聊天，真是痛苦，因為有八十%以上的語言我完全看不懂。我只好一個、一個地去請教我這些新朋友，逐漸懂得了「樓上」、「嘚瑟」、「飄過」、「撿肥皂」、「拉黑」、「碉堡」等新世代用語的意思。

更痛苦的是，我非常不習慣微信群裡面聊天的方式。在一個群裡面可以有三、四組人，同時穿插在聊不同的話題。於是我必須反覆地爬樓，在一長串的洗版對話中找到對應的談話內容，才能瞭解他們這幾組人到底分別在談些什麼。

潛水一段時間以後，雖然我對他們的語言和聊天內容比較清楚了，可是要深入瞭解他們創業的項目、產品、和生意模式，還是遠遠不夠的。於是我開始做第三件事：想辦法認識更多的年輕創業者，然後透過微信聯繫登門拜訪。

廣交創客、個別拜訪

抽水（某位網友）當時在網路媒體「雷鋒網」當編輯，他幫我邀請在深圳創業的創客們，來參加我為他們特別舉辦的演講。第一次，我擔心他們不理解我這時代的人對他們有什麼價值，為了提高吸引力，我還主動加碼，自掏腰包在演講之後請他們吃飯，倒也好不容易來了將近三十人。

幾次活動以後，再加上我在潛水的微信群組裏加的朋友，我在微信上的群友也有了數百人之譜。我開始主動使用微信，聯繫一些我比較感興趣的年輕創業伙伴，並約個時間登門拜訪，瞭解他們創業的內容。

每次拜訪時，我都詳細詢問他們的產品、技術、以及商業計劃，並且做筆記、詳盡地記錄下來。這對我自己的學習，也有很大的幫助。

過程當中，也有啼笑皆非的情況發生。微信聯繫時，免不了要自我介紹，於是我很誠實的介紹自己三十五年跨國企業的經歷和職務。有幾次，對方停頓了十幾分鐘沒有回覆，然後簡單地回我兩個字「騙子！」，然後把我拉黑（封鎖）。

義務輔導

經過這一年的學習，我瞭解了年輕創客的語言、他們的技術與產品、他們創業的心態和苦悶，以及他們所遭遇的困難和無助。於是我開始一對一的創業輔導，只要透過深圳灣網站上的預約系統完成申請的創業團隊，我都給予九十分鐘面對面的創業輔導。

從二〇一四年八月起，不到兩年的時間，我已經輔導超過四百個團隊了。我既不收費、也不投資，只秉持著做義工的心態來輔導他們。

許多朋友覺得很奇怪，為什麼我還要自掏腰包來輔導團隊？其實，在這個過程當中，我認為我給予這些創業團隊的，遠不如我從他們身上學習的多。在每一次創業團隊輔導當中，我都學到了一個真實的創業案例，這是在任何ＭＢＡ課程學不到的。

面對每一個輔導團隊，都好像是面對一場考試一樣。除了事前的準備之外，在短短的九十分鐘裡，我要回答創業團隊的各種問題、指出他們可能碰到的陷阱和風險、糾正他們的錯誤、指導他們思考的方向，並建議適合他們的策略。

每次輔導結束之後，看著他們感激的眼神，我心中就充滿了助人的快樂和成就感。

在這四百多個創業輔導裡，大部分的創業團隊來自深圳，也有來自大陸其他城市，少部分來自香港、新加坡、馬來西亞和美國；自從我開始在台北輔導台灣的創業團隊之後，台灣的團隊數量也在增加當中。最讓我感動的是，許多來自外地的團隊，都是透過口碑相傳得知，然後自掏腰包飛到深圳和台北，只為接受我九十分鐘的輔導。

創新不是年輕人的專利

馬雲來台灣訪問，曾經說過令台灣高科技業界臉紅的話。他說在大陸談創新的，都是二、三十歲的年輕人；可是他每次來台灣，跟他談創新的都是六十幾歲的科技大老。調侃之中，不難看出幾分不以為然的意味。

經驗是資產還是包袱？談創新並不是年輕人的專利。我認為，台灣創新發展的問題不在年紀，而在於掌握決策權和資源的政府官員和科技大老們，是否已經和年輕人以及高科技最尖端的浪潮脫節了。因為權力和成功，是造成黑洞的另外一個原因。

我的「T&F創客創業社群」有一萬多個微信朋友，還有八千個臉書朋友，其中九成以上是二、三十歲的年輕人。光是線上交朋友是沒辦法深入的，所以我還舉行許多線下專題講座，以及數百次的輔導。勤奮還是有用的，我瞭解年輕創業者的語言、瞭解他們的思想、瞭解他們的心態，也瞭解他們創業項目的內容和商業模式。

從我個人的角度看，馬雲在阿里巴巴成功之後生活圈子改變了，現在的他肯定沒有辦法這麼「接地氣」，和第一線的人與環境接觸；他對於年輕創業者的想法和行為，也未必比我清楚。

而我三十五年跨國企業的管理經驗、以及對硬體產品開發製造的瞭解，肯定也是從事網路相關行業的人無法在短時間之內學到的。有很多經驗和智慧需要靠時間積累，沒什麼壓縮速成的好辦法。

互聯網屬於產品３·０的時代，未來的二十年會是物聯網和產品４·０的時代。屆時，**軟硬結合是王道，硬體將會再度興起**；尤其在產品４·０時代，動能產品將會整合智能成為主流。

純粹的軟體和互聯網產業，由於「虛擬」特性使然，可以迅速學習、玩彎道超車。反之，硬體的產品開發、供應鏈管理和生產製造經驗，這些「實體」能力則非常需要時間經驗的累積，沒有什麼捷徑。

如此看來，只吃軟、不吃硬的馬雲如果不及早在產品4．0到來之前走向硬體，可能也會很快喪失他的話語權。

化經驗為轉型創新的資產

其實，台灣高科技產業的大老們真的不必妄自菲薄。馬雲在屬於他的時代成功了，他調侃的話的確值得我們反思；但是軟硬結合才是創新王道，路還長得很。

台灣大老們面臨的挑戰是，如何脫離因為過去的成功而造成的黑洞，趕緊降尊紓貴來和環境對接，親自瞭解年輕人的文化，以及現今高科技最前線的發展。如果做得到，那麼年紀不再是劣勢。

過去這些成功的經驗和累積的智慧，將會成為台灣高科技產業升級和轉型的「資產」。在為自己的企業走出一條全新道路的同時，也把資產貢獻出來，協助年輕的創業者。如果能做到，台灣的經濟發展問題何愁沒有解決之道？

31 產品4．0時代：日本再興起的機會

這幾天的社群媒體都被「鴻（海）夏（普）戀已成定局」和「鴻夏結合又生變局」的新聞洗版了。電視上許多名嘴都在探討「鴻夏結合」的綜效，究竟是來自水平整合還是垂直整合。

從消息發佈之後，鴻海和夏普的股票雙雙上漲，但在鴻夏生變之後股價又雙雙下跌來看，投資人對於鴻夏的結合還是挺看好的。

許多分析雖然說得很有道理，但都只是著眼於目前的產品和市場。我認為，鴻海和夏普的結合最大的利基，將來自在未來的「產品4．0時代」佔據優勢的地位。

去年八月六日，我首先於T＆F在深圳舉辦的週年慶大會上發表了「產品4．0」的概念。八月二十八日我到日本東京，在賽博日本分公司的開業典禮大會上，對一百五十個日本主要線上線下通路的集團高層做了主題演講，並且再度詳細介紹了這個觀念。

我的演講題目是：「產品４・０時代，日本再興起」。為什麼我這麼看好日本？什麼是產品４・０？讓我簡單地為各位朋友做個介紹。

從產品1・0到3・0

在蒸汽機和發動機發明進入工業時代之前，商業上最暢銷的產品大部分是工具類產品，而且這些工具都是手動、或是牲畜來推動的；例如錘子、鋸子、算盤、牛車、馬車、轎子等等。這些工具的總和與環境，就是「產品１・０」。

工業化開始以後，最暢銷的產品變成了利用各種新能量來傳動和驅動的產品；例如利用蒸汽機來運作的火車、利用發動機來推動的汽車等等。尤其是當電力和半導體發明以後，開啟了電機和電子高科技時代的序幕；各種家電和電子產品被發明出來，然後廣泛的銷售和使用。這個時期就是「產品２・０」的時代，也就是「動能產品」的時代。

隨著電腦走進家庭，個人電腦、筆電、印表機、手機、智慧手機成為暢銷產品；互聯網和移動互聯網的普及，則標記著資訊科技、資訊通信技術、雲端，以及大數據時代的到來。這是「產品3・0」的時代，也就是「智慧產品」的時代。

日本在「產品2・0」、也就是家電和電子產品的時代稱霸全球，同時在輕、重工業方面也有不可忽視的成就，因此造就了日本五個家電集團：索尼、夏普、松下電器、日本電氣、以及日立（Hitachi）。

這些集團取得了包含人才、資金、政策支持、媒體關注、以及宣傳等主要的國家資源，然後實施全球化的策略，投入關鍵面板研發和動能技術，力求鞏固在產品2・0時代的霸主地位。

但也因為如此，日本錯過了搭上「產品3・0」的時代班車。

在個人電腦、筆電、智慧手機方面，日本品牌在全球市場幾乎沒有一席之地，因而連帶影響了軟體、互聯網、行動互聯網以及大數據方面的發展，使得日本遠遠落後歐美，甚至不如海峽兩岸的大陸和台灣。

至於日本緊緊固守的家電和電子市場霸主地位，也逐漸被後起直追的韓國和大陸取代，造成了日本家電五巨頭連年虧損，夏普遲早被兼併的結果。

產品3・0正在消退

日本是否就此一蹶不振，從此江河日下？

雖然錯過了「產品3・0」的智能時代，但日本產業界仍然擁有「產品2・0」時代動能產品的關鍵材料和技術。這些技術包括傳動（Trasmission）、驅動（Power Transmission）、移動控制（Motion Control）、無刷電機、齒輪箱、軸承、鉸鍊（Hinge）等等，牽涉了材料、製作工藝、操作軟體、演算法、模型等等需要時間積累和技術沈澱的專業。

相較於門檻低、突破快、可以彎道超車的軟體或互聯網等智能產品技術，這些來自2・0時代的雄厚資本，並不是一蹴可幾的。

今天，即使智慧手機、可穿戴設備、智慧家居、智慧醫療、智慧城市的新聞，仍然佔據了許多媒體版面和讀者目光，T&F輔導的海峽兩岸創業團隊也絕大多數在做智慧產品，但依稀仍然可以感覺到，「產品3・0」智慧時代已經有點走到頂峰，開始走向下坡路。手機已經進入成長趨緩的成熟期，可穿戴裝置找不到關鍵產品，智慧家居喊了十幾年還是叫好不叫座；至於其他領域，得到的關注就更少了。

就拿智慧家居做例子。二十年前就有類似的概念，但至今仍然停留在家庭路由器、智慧開關、語音控制、變色燈光、開關窗簾、自動溫控、監控設備、智慧門鎖等等，並沒有看到真正爆發的明星產品。

主要的原因就是，家庭內的「剛性需求」（對必需品的需求）都已經被2．0時代的黑白家電和消費電子產品所佔領，產品3．0所能扮演的，就只有一些「有也不錯」（nice to have）、可有可無的角色了。

「產品4．0」的時代來臨

如果產品3．0時代已經過了頂峰，接下來的產品4．0會是什麼呢？

當前坊間到處可見的新聞是德國的「工業4．0」、中國大陸的「製造二〇二五和互聯網＋」、美國的「第四次工業革命」，台灣的「生產力4．0」等等。這些都是從政府、產業、或是GDP的宏觀角度來預測下一個風口。但是從企業或創業的角度來看，比較微觀的產品才是企業存活的命運所繫。

如果沒有產品，哪裡來的「製造」或「互聯網＋」？

回頭聚焦到產品來看，有人說下一個風口就是「物聯網」。「物聯網」這個名詞仍然偏向互聯網，而且產品概念比較模糊，究竟是個什麼「物」？

綜觀以上所述，暢銷產品必須滿足剛性需求。人類的剛性需求必定來自：

1. 增加個人能量或能力的東西。

2. 會動的東西。

3. 可以自由移動的東西。

因此我認為，「產品4・0」的重要創新，必定是整合「動能」和「智能」而產生新功能的產品。也就是說，可以是現有的2・0產品和3・0智慧功能整合、或是3・0產品和2・0的動能整合；當然，也可以是完全創新的智能與動能整合產品。

2・0加3・0等於4・0

「2・0動能產品整合3・0智能」的最好例子就是機器人。為傳統機器人加上大腦的演算法和深度學習能力，再加上視覺、聽覺、觸覺等傳感功能，以及無線定位和控制，就成了全新世代的產品。

而「3・0智能產品加上2・0動能」最好的例子，就是特斯拉電動車；它其實就是一台強大的電腦加上四個輪子、電池、齒輪箱以及傳動軸。

中國大陸的無人機飛行器（Drone），則是完全創新的智能動能整合產品，從最早單純的航空模型開始，現在已經進化到空拍、物流、載人等等最新的應用方式。

這些都是初期的4・0產品：集動能、智慧、移動於一身，再加上聯網功能，就是「物聯網」。

當這個世界能夠進步到「萬物互聯」時，就達到了「產品5・0」的階段；無人駕駛汽車、無人駕駛載人飛機、無人工廠，智慧家庭、智慧城市、智慧醫療等等，都有可能實現。

當「產品4・0」時代來臨時，就是日本再興起的時代到了。

鴻海與夏普結合的意義

回到今天的主題「鴻夏戀」。如果鴻海和夏普能修成正果、順利結合，那麼面板的技術、蘋果的訂單、台日聯手抗韓等，都只是目光短淺的眼前利益。真正的戰略目標是鴻夏結合彼此的優勢，放眼產品4・0時代，進一步率先佔據最有利的位置。

鴻海不僅僅是當今3・0智能產品的最大製造業者，而且擁有2・0產品的基礎技術及產能，包括模具、機構件、外觀件、機殼、鉸鏈、電池、面板等等。

如果鴻海能夠順利結合夏普的動能技術、產品、品牌和通路，就有機會在產品4・0的時代輕鬆走出代工製造的宿命，華麗轉型為產品4・0時代的霸主。

當然，這也將會為台灣和日本的高科技合作，成功開啟一扇格局不凡的大門。

32 「鴻夏戀」對台灣產業轉型的啟示

最近鴻海的大新聞特別多。繼收購日本夏普之後，鴻海又出手買了諾基亞的功能手機事業。

由於我曾經在鴻海服務過，因此許多媒體朋友陸續來問我的看法。我的一貫原則是，離開家公司之後，就避免說東道西地評論前公司，我認為這是專業經理人應有的態度和素養。

可是禁不住朋友們的要求，而我也認為這對臺灣來說，除了鴻海之外也有多重意義。主要是因為，鴻夏結合是台日合作的創舉，而鴻夏結合能否成功，也關係到往後更多台日企業合作的意願。

此外，結合外來優勢的發展，也可以為台灣高科技產業的發展開啟一扇門，鋪墊台灣脫離經濟成長困局的一條道路。所以，我就在這裡談談個人的觀點。

我在臉書上已經一連轉貼了三篇來自《火箭科技評論》網站的文章*，探討的都是鴻海收購諾基亞功能手機的意義和目的，所以這裡我先換個話題，談談鴻海收購夏普所帶來的短、中、長期好處。

我談鴻夏結合的好處，完全出於個人對鴻海轉型發展需求、鴻海和夏普具備的條件的觀察，以及我對科技產業與未來趨勢的看法。我的本意不在解讀郭董從事併購背後的策略動機，也不是揣測鴻海未來的併購整合動向。

短期優勢：為線上線下通路注入活水

首先談談鴻夏結合在短期內可以為鴻海帶來的好處。

郭董過去十多年來一直在努力，希望讓鴻海轉型；最早從「製造的鴻海」轉型成「科技的鴻海」，因此從早期獨創的CMMS垂直整合代工模式，推動演進為更有技

*編注：指〈你的雞肋、我的雞湯：看富智康收購微軟功能手機事業〉、〈再探富智康併購Nokia部分手機業務的背後意義〉、以及〈郭董的錦囊妙計，還是Nokia的帝國大反擊？〉三篇。

術含量的聯合設計製造（Joint Design Manufacturing, JDM）、原始設計製造（Original Design Manufacturer，ODM），以及整合創新設計製造（Integration Innovation Design Manufacturing, IIDM）等模式。

最近十年，郭董更進一步希望將「科技的鴻海」轉型為「商貿的鴻海」。因此，這段時間以來投資成立了線下的賽博數碼、紅利多、萬馬奔騰、上海麥德龍、台北三創，以及線上電子商務的飛虎樂購和富連網等等。

不過，這些線上線下通路的投資和經營，至今成果仍然有限；外界解讀的原因很多，在此不必重複。撇開主觀的「基因」一說——試問哪個轉型是本來就有基因的？客觀條件上的一個主要限制，是沒有「可控可管的品牌」以及「拳頭產品」。

雖然鴻海在代工製造方面的客戶，都是鼎鼎大名的一線國際品牌，但是製造歸製造、銷售歸銷售，分屬不同部門管理。因此，儘管製造成本相對於售價較低，但鴻海並不能直接從品牌客戶手中拿到優惠的價格和產品；往往需要透過客戶的經銷商、甚至於更低層的分銷商，才能夠拿到這些自己生產的產品。也因為如此，郭董的「前店後廠」或「消費者直達製造商」（Consumer to Manufacturer, C2M）的生意模式，一直未能得到國際一線品牌的支持。

鴻夏結合最直接的短期好處，就是為這些線上線下通路注入了大量的活水。夏普的家電產品線既廣又深，充沛的產品項能把這些通路充實起來；而自主的品牌管理操作，更能帶動通路的活躍。夏普的產品可以把鴻海線上線下的通路活絡起來，完成往「商貿的鴻海」方向的華麗轉型。

另外一個立即顯著的好處，則是眾所周知：鴻海可以取得夏普面板技術，包括了LTPS*、IGZO**和OLED***等面板類型；這對於鴻海取得蘋果所使用的面板比例上，有非常大的幫助。

* 編注：LTPS（Low Temperature Poly-silicon）為低溫多晶矽，是新一代薄膜電晶體液晶顯示器的製造流程，具有反應速度快、亮度高、解析度高、耗電量低等特點。

** 編注：IGZO（indium gallium zinc oxide）為氧化銦鎵鋅，同屬薄膜電晶體顯示器技術。在中大尺寸面板上使用IGZO技術、成本比使用LTPS低很多。

*** 編注：OLED（Organic light-Emitting Diode）為有機發光二極體，與薄膜電晶體液晶顯示器為不同類型的產品，相較之下具有自發光性、廣視角、高對比、低耗電、高反應速率、全彩化及製程簡單等優點。

中期優勢：把握智慧型家電市場的最佳組合

接著談談中期的好處。日韓和海峽兩岸都面臨著同樣的「人口老化」和「老年長照」問題。姑且不論大部分的金錢都掌握在老齡家庭的手裡，由於年輕勞動力的減少，老齡家庭即使有錢也請不到人來照顧他們，所以必須要用科技的手段來解決。

明顯的需求擺在那裡，代表著高科技產業巨大的商機。我認為在後手機時代，家庭照護機器人將會是下一個明星產品，市場需求之大難以想像。但是，現今所謂的服務或家庭機器人，往往是一個平板加上兩個輪子；這麼簡單的產品，如何能照顧老齡家庭裡的老人呢？

現今的服務和家庭機器人，在智力方面充其量只能達到四、五歲小孩的程度；行動能力方面，也只能達到一、兩歲小孩連滾帶爬的水準；人機語音互動方面的體驗，也還不是很好。大多數人都認為，家庭服務機器人的到來還很遙遠。

最近日本、美國、德國紛紛推出各種智慧型的人形機器人，雖然離量產及商業化還有距離，但在智力方面，透過腦神經網路、半導體處理器的加速開發，再加上大數據分析和深度學習算法的進步，機器人將會達到八歲到十歲小孩的智力程度；快的話，也就是三到五年的功夫。

在行動能力方面，簡單的有移動底盤加上即時定位與地圖構建技術（Simultaneous Localization and Mapping, SLAM），複雜的則有雙足或多足關節、機構、傳動和驅動技術的開發。如此一來，家庭服務機器人具有四、五歲小孩的行動能力，也是指日可待的。

今天家庭裡面的白色家電和黑色家電，都是為了普通人的操作而設計的，所以許多開關旋鈕和參數的調整設定都十分複雜。未來，老齡家庭的老人在智力和行動能力方面都會退化，要他們自己來操作這些家電會有許多困難；然而，現有的家電要家庭服務機器人來操作，也並不容易。

設想，如果家電廠商可以改變現今家電的設計，簡化操作和使用，讓八歲到十歲的小孩也能夠很容易操作，再加上和家庭服務機器人之間可以透過物聯網互聯互通，那麼由家庭照護機器人來操作這些家電，基本上就可以滿足老齡家庭中老人生活的大部分需求了。

說到這裡，我相信大部分的朋友都可以瞭解，鴻夏結合正是把握這個商機、佔據這個無比廣大市場的最佳組合。

再擴大一步想，鴻海是台灣電子科技業的典型代表，擁有IT和3C產品軟硬體的生產製造和研發技術；而日本擁有的優勢，在於家電、電子以及機器人關鍵零組件和系統整合的技術。如果鴻海和日本夏普兩者結合，針對老齡化社會推出未來家電、家庭服務機器人，再配合智能家居，將會佔據老齡家庭市場的最有利位置。

日本可以說是對人形機器人特別有情懷的國家。各位可能還記得多年前的原子小金剛，還有紅到現在的機器貓小叮噹（多啦A夢）。日本人對機器人的研發，以及如馬達、驅動器、減速機等關鍵技術，都是台灣走向家庭服務機器人所不可或缺的。

鴻海與夏普的結合，如果能夠創造一個成功的案例，那麼必將促進台灣高科技產業和日本傳統家電產業的合作。台灣政府也可以一舉數得，促進高科技產業的發展，脫離悶、困經濟的窘境，既解決老年長照的問題，又創造年輕人的就業機會。

長期優勢：打造兼具智能和動能技術的企業

最後，談一談鴻夏結合能夠帶來的長期好處。

「產品４．０」時代即將到來，這個時代最暢銷的產品將會是「整合動能和智能產生新功能」的產品。我在以前的文章裡面提到過三個例子，分別是日本的機器人、美國的特斯拉汽車、和中國大陸的無人飛行器。

鴻海最強的地方，除了產品３．０智慧時代的資訊科技、資訊通信技術相關產品之外，還有工業機器人、電池、馬達、氣動元件、機械結構等等的技術。所以，鴻海已經具備了大部分智能和部分動能的技術和模組，缺的是軟體和演算法、系統整合以及家電產品，而這些正是日本技術的所在。

如果鴻夏能夠在技術和產品方面完美的結合、整合、融合，那麼在產品４．０時代，鴻海將處於一個具有競爭優勢的市場位置。我再次強調，產品４．０時代的暢銷產品，九十五％以上還沒有被開發出來。唯有同時具備智能和動能技術的企業，才能夠引領風騷。

不要拿著金飯碗討飯

說到這裡，我想到一個實例，這也看出了台灣政府和許多企業，對於即將來臨的高科技新浪潮不知道、不理會、無作為，非常可惜！

東元電機是台灣名列前茅的家電企業集團，他們和日本三菱電機合作多年，在電機馬達方面累積了深厚的技術經驗。這些技術正是產品4．0時代不可或缺，甚至是關係成敗的關鍵技術。東元完全有能力將他們的電機馬達加以微型化、優化、客製化，以便應用於各種動能智能整合的產品領域。

可惜東元集團的經營策略並不往這個方向走，反而加速多角化投資在食品和餐飲方面。雖然它也成立了一家菱光科技，聚焦在智慧產品方面，卻僅著重研發與母公司核心技術毫不相關的行動數據終端產品。

鴻海郭董常常說，**不會利用自身強項的人，是「躺在鑽石床上，拿著金飯碗討飯」**。

從鴻海與夏普結合的短、中、長期策略優勢，我看到的是軟與硬、動能與智能、品牌與製造、創新與效率，各種互補資源整合的長遠利益。更重要的，是拿著台灣和日本的核心技術向新世界前進。

台灣企業還有非常多的鑽石床、金飯碗。寄語新上任的政府和產業的大老們，各位掌握著產業資源、決策權，唯有走出黑洞、看見全球產業潮流、看見自己的金飯碗在哪，並且積極作為，才能改善台灣的經濟，許年輕人（和大叔）一個有意義的未來。

後記

在我三十多年電子科技專業經理人生涯中，曾應邀在兩岸和歐美做過難以數計的演講，有許多朋友希望我把數十年累積的對產業發展、經營管理、領導統御的個人觀點與經驗寫下，和更多朋友分享。但是在我緊湊忙碌的工作時程中，我只能用碎片時間不斷累積更廣更深的觀察，去不斷精煉自己的觀點，但是實在擠不出時間動筆。

近五年來，大家也都看到了互聯網乃至物聯網對全球產業造成翻天覆地的改變。不僅我最熟悉的電子資訊軟、硬產業是如此，在傳統產業也是危機重重、轉機處處。

從一九七九年加入台灣惠普，直到二〇一二年從鴻海退休，我的整個職業生涯都是以專業經理人來定位自己。退休之後，開啟了我的第二人生，很幸運地結識了許多海峽兩岸的年輕創客和創業者。在毫無資源的情況下，透過互聯網的微信和臉書成立了「Terry and Friends」創客創業社群，來協助有志於創業的團隊，因此吸引了海峽兩岸超過三萬位優秀人才加入。我也完全義務的輔導兩岸的創業團隊，每一個團隊一次九十分鐘，至今已經輔導超過五百個團隊。

在這些創業者身上，我學習到更多新奇酷的技術應用，也接觸到最真實的各種創業問題。這些創業問題從公司定位、產品策略、執行落實，到股權結構、融資方案、組織架構、領導與管理等領域，都有所涉及。

面對一個又一個正在艱苦創業的朋友，我總是先切入他們最薄弱的重要環節給予建議。但是，就如我在第八章〈「創新」與「創業」：單項金牌與十項全能的差異〉中所說的，「成功的創新如同拿單項奧運金牌，需要一項特別高強的本領；成功的創業彷彿奧運十項全能，需要全面的能力」。我縱有無限熱情，也無法在有限的時間之內，點出各團隊那麼多問題並且詳細解說，這成為我特別掛心的事。

一年多來，在許多朋友積極鼓勵之下，我透過臉書陸續寫下我對這些創業輔導的案例和企業經營問題的看法，希望對創業朋友有所幫助。期望將來，在輔導團隊遇到同樣問題時，我可以說「你可以去看看我那篇……」，就更方便了。

除了對個別企業經營的關心，我的大腦有一塊一直在進行對科技發展、產業變革與產業政策的思考。我提出的「產品４．０」趨勢，就從科技大歷史觀推論的。

謝謝Fred專業的協助，把我每一篇文章編輯得很好，發表在《火箭科技評論》網站上。感謝城邦集團何飛鵬董事長的看重，飛鵬兄親自熱情地邀請，促成我把畢生第一次出書交給了商周出版。

另外，特別要對十多年前多次專訪我，並且幾乎集結成冊的今週刊林宏文先生致謝。宏文的報導既深入又富有人文氣息，只不過我自認成就有限、不適合出自傳而並未完成，否則我的第一本書可能在二〇〇〇年就出現了。想到這裡，必須感謝和我共事過的惠普、德州儀器、鴻海的同事，我們攜手打過的戰役真是回味無窮。

這本書的初心既是為創業者、也是為專業經理人而寫，不過許多管理與組織領導的觀念，都是從經營者的高度出發的，相信對於企業主也會有一些參考作用。

老兵不死，拒絕凋零。面對越來越多帶著新想法和疑惑來找我的創業者，以及正在奮鬥的中生代，我只有與時俱進，多學習、多貢獻。謹以這些文章致上對這些老、中、小朋友們的關懷。

國家圖書館出版品預行編目資料

創客創業導師程天縱的經營學：翻轉企業經營與創業困境的32個創見/ 程天縱著. -- 初版. -- 臺北市 : 商周出版 : 家庭傳媒城邦分公司發行, 2017.01
面； 公分
ISBN 978-986-477-180-6(平裝)

1.企業領導 2.企業管理

494.2 105025063

新商業周刊叢書BW0625

創客創業導師程天縱的經營學
翻轉企業經營與創業困境的32個創見

作　　者／程天縱
責 任 編 輯／李皓歆、鄭凱達
協 力 單 位／Rocket Café 火箭科技評論
企 劃 選 書／陳美靜
版　　權／黃淑敏、翁靜如
行 銷 業 務／莊英傑、周佑潔、石一志

總　編　輯／陳美靜
總　經　理／彭之琬
事業群總經理／黃淑貞
發　行　人／何飛鵬
法 律 顧 問／台英國際商務法律事務所　羅明通律師
出　　版／商周出版
臺北市104民生東路二段141號9樓
電話：(02) 2500-7008　傳真：(02) 2500-7759
E-mail: bwp.service@cite.com.tw
發　　行／英屬蓋曼群島商家庭傳媒股份有限公司　城邦分公司
臺北市104民生東路二段141號2樓
讀者服務專線：0800-020-299　24小時傳真服務：(02) 2517-0999
讀者服務信箱E-mail: cs@cite.com.tw
劃撥帳號：19833503　戶名：英屬蓋曼群島商家庭傳媒股份有限公司城邦分公司
訂 購 服 務／書虫股份有限公司客服專線：(02) 2500-7718；2500-7719
服務時間：週一至週五上午09:30-12:00；下午13:30-17:00
24小時傳真專線：(02) 2500-1990；2500-1991
劃撥帳號：19863813　戶名：書虫股份有限公司
香 港 發 行 所／城邦（香港）出版集團有限公司
香港灣仔駱克道193號東超商業中心1樓
E-mail: hkcite@biznetvigator.com
電話：(852) 25086231　傳真：(852) 25789337
E-mail：hkcite@biznetvigator.com
馬 新 發 行 所／Cite (M) Sdn. Bhd.
41, Jalan Radin Anum, Bandar Baru Sri Petaling, 57000 Kuala Lumpur, Malaysia.
電話：(603) 9057-8822　傳真：(603) 9057-6622　E-mail: cite@cite.com.my

美 術 編 輯／簡至成
封 面 設 計／黃聖文
製 版 印 刷／鴻霖印刷傳媒事業有限公司
經　銷　商／聯合發行股份有限公司　電話：(02) 2917-8022　傳真：(02) 2911-0053
地址：新北市231新店區寶橋路235巷6弄6號2樓

■2017年1月18日初版1刷
■2023年9月05日初版14.8刷

Printed in Taiwan
城邦讀書花園
www.cite.com.tw

ISBN 978-986-477-180-6
定價380元